定兴县京南生态卫星城
智慧城市发展研究

李　宇　唐立新　马建勋　等著

U0352347

中国经济出版社
CHINA ECONOMIC PUBLISHING HOUSE

北京

图书在版编目（CIP）数据

定兴县京南生态卫星城智慧城市发展研究/李宇等著.
—北京：中国经济出版社，2019.3
ISBN 978-7-5136-5346-6

Ⅰ.①定… Ⅱ.①李… Ⅲ.①生态城市—城市建设—研究—定兴县 Ⅳ.①X321.222.4

中国版本图书馆 CIP 数据核字（2018）第 205789 号

责任编辑　余静宜　耿　园
责任印制　巢新强
封面设计　华子图文

出版发行　中国经济出版社
印　刷　者　北京九州迅驰传媒文化有限公司
经　销　者　各地新华书店
开　　　本　710mm×1000mm　1/16
印　　　张　10
字　　　数　96 千字
版　　　次　2019 年 3 月第 1 版
印　　　次　2019 年 3 月第 1 次
定　　　价　48.00 元

广告经营许可证　京西工商广字第 8179 号

中国经济出版社 网址 www.economyph.com 社址 北京市西城区百万庄北街 3 号 邮编 100037
本版图书如存在印装质量问题，请与本社发行中心联系调换（联系电话：010-68330607）

项目专家组

专家组顾问：

孙九林　　中国工程院院士，中国科学院地理科学与资源研究所研究员、博士生导师，国家环境信息化顾问专家委员会主任，著名资源环境与信息化专家

马建勋　　中车北京二七机车有限公司董事长、党委书记、高级工程师，工业化和信息化融合专家

董锁成　　中国科学院地理科学与资源研究所首席研究员、博士生导师、国家二级教授，区域生态经济研究与规划中心主任，国家科技基础性专项重点项目首席科学家，联合国工发组织中国绿色产业专家委员会委员，著名区域生态经济专家

专家组组长：

李　宇　　中国科学院地理科学与资源研究所副研究员、博士后、硕士生导师，中国生态经济学会区域生态经济专业委员会秘书长，生态城市研究专家

石广义　　中国科学院地理科学与资源研究所高级工程师，投融资和重点项目专家

唐立新　北京新世纪检验认证有限公司，国家注册高级审核员，软件过程质量管理评审专家

专家组主要成员：

叶舜赞　中国科学院地理科学与资源研究所研究员、博士生导师，城市规划专家

李荣生　中国科学院地理科学与资源研究所研究员、博士生导师，生态农业专家

李泽红　中国科学院地理科学与资源研究所副研究员、硕士生导师，资源经济专家

彭　虓　交通部科学研究院副研究员、博士后，交通规划专家

贾红阳　北京东蓝数码科技有限公司总裁，工学博士，智慧城市规划专家

姜鲁光　中科院地理科学与资源研究所博士、副研究员、硕士生导师，生态学专家

赵敏燕　中国科学院地理科学与资源研究所博士后、副教授，国家公园和生态旅游规划方向

李　飞　中国科学院地理科学与资源研究所助理研究员、博士后，环境保护专家

李富佳　中国科学院地理科学与资源研究所副研究员、博士后、硕士生导师，低碳经济专家

张　权　中科院地理科学与资源研究所博士后，城市规划
　　　　方向

郑　吉　中科院地理科学与资源研究所研究助理、博士生，
　　　　低碳交通研究方向

李冬梅　河北嘉旭福美科技有限公司董事长

孟　丹　中科院地理科学与资源研究所研究助理、硕士生，
　　　　地理信息系统研究方向

前　言

2014 年 8 月，国家发展改革委等八部门印发了《关于促进智慧城市健康发展的指导意见》（发改高技〔2014〕1770 号），明确提出"到 2020 年，建成一批特色鲜明的智慧城市"。城市公共服务便捷化、城市管理精细化、生活环境宜居化、基础设施智能化、网络安全长效化是主要建设领域，要求科学进行智慧城市建设顶层设计。2015 年，定兴县十四届人大四次会议的《政府工作报告》中提出了建设"京南生态卫星城智慧城市"的发展目标，并与中国科学院地理科学与资源研究所联合开展了定兴县京南生态卫星城智慧城市发展研究，为定兴县智慧城市建设提供了科学依据。

本书为定兴县人民政府委托项目"定兴县生态文明科学实验基地规划"和国家自然科学基金面上项目"通量贡献区视角下北京市不同区域二氧化碳排放过程及影响机制研究"（批准号：41771182）的资助成果。定兴县紧邻雄安新区容城县，是雄安新区上游和京津保生态过渡带的生态林枢纽，生态地位十分重要。中国科学院地理科学与资源研究所与定兴县人民政府联合开展了基于碳通量综合观测、分析的生态文明科学实验基地建设和相关研究，为生态智慧定兴和雄安新区毗邻区生态建设提供了科学支撑。在本书的调研和编写过程中，中国工程院院士、中国科学院地理科学与资源研究所研究员孙九林，中车北京二七机车有限公司董事长、高级工程师马建勋，中国科学院地理科学与资源研究所首席研究员董锁成、研究员叶舜赞、研究员李荣生给予了悉心指导和大力支持。定兴县人民政府领导、县直相关部门领导为研究的顺利开展给予了全方位的支持。参加本书撰写的有中国科学院地理科学与资源研究所副研究员李宇、研究员董锁成、高级工程师石广义、副研究员姜鲁光、副研究员李泽红、副研究员李富佳、助理研究员李飞、博士后赵敏燕、博士后张权、博士生郑吉、硕士生孟丹，北京东蓝数码科技有限公司总裁贾红阳，交通部科学研究院研究员彭虓，河北嘉旭福美科技有限公司董事长李冬梅，河北嘉旭福美科技股份有限公司董事/技术总监、国家注册高级审核员唐立新。其中，李宇、唐立新、董锁成参与本书总体框架设计，李宇、唐立新、孟丹参与第一章编写，李宇、唐立新参与第二章编写，马建勋、唐立新参与第三章编写，唐立新、李宇、贾红阳参与第四章编写，李宇、唐立新、彭虓、李泽红、李富佳、李冬梅、姜鲁光、李飞、张权参与第五章编写，唐立新、董锁成、郑吉参与第六章编写，唐立新、马建勋、李宇、赵敏燕参与第七章编写。南京大学地理科学与海洋学院本科生叶海鹏承担了部分资料整理工作。

本书在编写过程中参考了国家相关部门和省、市、县各级地方政府的相关文件，以及诸多学者的前期相关研究成果，由于信息完整性所限，无法一一列出，谨在此表示衷心感谢。同时，由于时间紧迫和资料难以收集全面，书中难免有值得商榷，甚至有误的地方，恳请读者批评指正。

李 宇

2018 年 9 月

目　录

第一章　国内外智慧城市
研究进展与趋势

　　"十三五"时期是国家全面建成小康社会的决胜阶段，国家《国民经济和社会发展第十三个五年规划纲要》对加快新型城市建设提出了明确的要求，以建设绿色城市、建设智慧城市、建设创新城市为目标，努力打造和谐宜居、富有活力、各具特色的城市。智慧城市是运用物联网、云计算、大数据、空间地理信息集成等新一代信息技术，促进城市规划、建设、管理和服务智慧化的新理念和新模式。建设智慧城市，对加快工业化、信息化、城镇化、农业现代化融合，提升城市可持续发展能力具有重要意义。智慧城市是城市管理革命和发展模式的创新，是现代城市整合发展的更高形态，其核心在于运用现代信息通信技术构建无所不在的高速融合网络、智能感知环境和超强海量运算能力，提高城市管理和服务水平，提升公众的生活方式和生活质量，推动高端产业和产品的高端环节，促进经济发展方式转变，实现科学发展。

　　根据党的十八大精神和国家发展战略性新兴产业的部署要求，定兴县十四届人大四次会议的《政府工作报告》中指出，以"京南生态卫星城智慧城市"建设为方向，探索建立覆盖城市交通、

1

教育、医疗等领域的智能化系统，提升信息化服务水平；充分发挥信息化的带动引领作用，提升定兴县城市管理与服务水平，促进产业升级，提高市民生活品质，加快实现"生态定兴、智慧定兴"的发展目标。这为定兴县未来5～10年的生态智慧城市建设发展奠定了基础。

一、智慧城市的起源与涉及的主要领域

2008年11月，在纽约召开的外国关系理事会上，IBM提出了"智慧地球"这一理念，进而引发了智慧城市建设的热潮（引自"维基百科"）。IBM公司作为"智慧地球"（Smart Planet）理念的提出者，把智慧城市定义为"充分利用信息化相关技术，通过监测、分析、整合及智能响应的方式，综合各职能部门，整合优化现有资源，提供更好的服务、绿色的环境、和谐的社会，保证城市可持续发展，为企业及大众建立一个优良的工作、生活和休闲的环境"。Hollands在2008年曾经指出，智慧城市的界定是复杂而困难的，但智慧城市往往将技术性的信息化变革与经济、政治和社会文化的变化联系在一起[1]；Rios在2008年提出，智慧城市是可以给市民带来灵感的，让市民分享文化、知识和生活，并且激发市民创造力的城市[2]；Caragliu，Del和Nijkamp则于2011年合作研究提出，"智慧城市"应该具有的特征标签是其拥有可以通过生产力的量变和质变让现代城市得以繁荣的智慧之举[3]；Lombardi，Giordano 和 Farouh 等于 2012 年提出，智慧城市重视基于现代信息通信技术的人力和社会资本，以支撑城市经济增长并且搭建财富创造平台，从而提高人民生活质量[4]；Angelidou则于 2014 年提出，智能城市是以利用人类、集体和技术资本来增强城市群的发展和繁荣的发展模式概念[5]。究其实质，智慧城市就是运用先进的信息化技术，实现城市的智慧式运行和管理，为城市居民创造更好的生活，保障城市的稳定、和谐和可持续发展。

而当前的智慧城市建设主要涉及的领域包括以下三点。

（一）智能网格化城市管理与服务

通过数据采集、智能分析，将这些部件设施、人口、事件在智慧城市的框架中进行有效的智能管理和服务[6]。

（二）智能交通

智慧交通依靠城市交通基础设施中的传感器，可以将整个城市的车流量、道路状况、天气、温度、交通事故等信息实时收集起来，从而保障人与车、路、环境之间的信息交互，并通过云计算中心动态地计算出最优的交通指挥方案和车行路线，进而提高交通系统的效率、机动性、安全性、可达性、经济性[6]。

图 1-1　智能交通示意图

资料来源：李德仁等（2012）[7]。

（三）城市环境监测服务

研发基于多传感器的城市综合移动环境监测系统，作为已有固定环境监测系统（如水文水质监测系统、大气自动监测系统）的补充，在移动环境下实现环境监测数据的采集与传输，建成一套有线、无线监测数据相结合的采集传输系统，实现污染源和环境质量在线自动监测监控、实时数据的无线传输以及视频图像的远程控制等。移动环境监测系统将实现环境信息实时采集、集成、分析、会商、处理的自动化、智能化、可视化。

图 1-2　基于多传感器的城市综合移动环境监测系统

资料来源：李德仁等（2012）[7]。

二、国内智慧城市发展现状

19 世纪 90 年代，有学者提出了智慧城市的早期概念。2009 年，维也纳理工大学区域科学中心首次提出智慧城市的概念和六个维度：增长的经济，便捷的移动，舒适的环境，智慧的民众，安全的生活，公正的治理。从这六个维度来看，智慧城市的建设显而易见是个旷日持久且不断发展的过程，像几年之内就可以建成智慧城市这种说法显然是不够科学的。智慧城市建设的目标是城市的可持续发展。

我国的智慧城市建设刚刚起步，城市信息化建设正处于重要的结构转型期，即从信息技术推广应用阶段转向信息资源开发利用阶段。目前我国已进入城镇化加速发展阶段，据统计，2014年我国城镇化率已达到54%。城镇化率的提高，必然伴随着人口聚集、产业聚集，这将对城市空间布局、承载能力、管理方式等方面提出新课题，城市发展方式转型迫在眉睫。推进智慧城市建设有助于促进城市治理模式的创新，防范"大城市病"集中爆发。近年来，我国智慧城市建设取得了积极的进展，各地都在积极探索智慧城市建设的新模式。如以物联网产业发展为驱动的建设模式，以信息基础设施建设为先导的建设模式，以社会服务与管理应用为突破口的建设模式等。但在智慧城市建设过程中也暴露出一些问题，如缺乏顶层设计和统一规划、体制建设创新滞后、网络安全隐患和风险突出等。

为贯彻落实中共中央、国务院《国家新型城镇化规划（2014—2020年）》和《国务院关于促进信息消费扩大内需的若干意见》（国发〔2013〕32号）文件的有关要求，促进智慧城市健康发展，八部委联合下发了《关于促进智慧城市健康发展的指导意见》（发改高计〔2014〕1770号）。2016年3月，国务院发布的《国民经济和社会发展第十三个五年规划纲要》为智慧城市健康发展提供了有力的依据。政府工作报告中也同时提出要建设智慧城市。近年来，国家出台了一系列关于智慧城市的政策规划（见表1-1），对全国智慧城市建设起到了指导作用。

表 1-1　智慧城市发展的重要政策

发布时间	政策名称
2012 年 11 月	《国家智慧城市试点暂行管理办法》
2012 年 11 月	《国家智慧城市（区、镇）试点指标体系》
2013 年 8 月	《关于促进信息消费扩大内需的若干意见》
2014 年 3 月	《国家新型城镇化规划（2014—2020 年）》
2014 年 8 月	《关于促进智慧城市健康发展的指导意见》
2015 年 1 月	《关于促进智慧旅游发展的指导意见》
2015 年 5 月	《关于推进数字城市向智慧城市转型升级有关工作的通知》
2015 年 10 月	《关于开展智慧城市标准体系和评价指标体系建设及应用实施的指导意见》
2016 年 2 月	《关于进一步加强城市规划建设管理工作的若干意见》
2016 年 8 月	《新型智慧城市建设部际协调工作组 2016—2018 年任务分工》
2016 年 11 月	《关于组织开展新型智慧城市评价工作务实推动新型智慧城市健康快速发展的通知》
2016 年 12 月	《新型智慧城市评价指标》
2017 年 1 月	《推进智慧交通发展行动计划（2017—2020 年）》
2017 年 7 月	《新一代人工智能发展规划》
2017 年 9 月	《智慧城市时空大数据与云平台建设技术大纲》（2017 版）
2017 年 9 月	《智慧交通让出行更便捷行动方案（2017—2020 年）》
2017 年 12 月	《关于开展国家电子政务综合试点的通知》
2017 年 12 月	《促进新一代人工智能产业发展三年行动计划（2018—2020 年）》

随着 2009 年 IBM 发布智慧城市在中国的战略后，我国各城市掀起了智慧城市的建设热潮。截至 2017 年 11 月，我国智慧城市试点已近 600 个。住房和城乡建设部在 2013—2015 年先后公布了 3 批智慧城市试点城市，总数达到 277 个（见图 1-3）。其中省

会城市 10 个，占比为 3.6%；地级市 96 个，占比为 34.7%；县级市 81 个，占比为 29.2%；区、乡镇 90 个，占比为 32.5%。试点智慧城市的建设模式分为三种，分别是以信息基础设施为主、以智慧产业为主和以智慧城市应用为主。在实施项目的过程中，智慧管理与服务类项目最多，保障体系与基础设施类项目次之，智慧产业与经济类项目最少，因此智慧城市建设仍以公共信息平台、基础数据库、网络基础设施的建设和城市管理与服务领域为主，产业方面较少。在具体城市特色化方面，每个试点城市的侧重领域不同[8]。

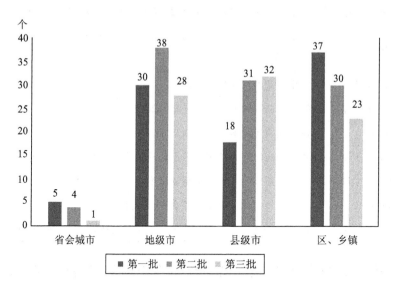

图 1-3　国家智慧城市试点城市分布

　　目前国内规划较好的城市都是以发挥本地优势或者解决自身短板为切入点，推进智慧城市建设，如表 1-2 所示。

表 1-2　国内智慧城市的发展

省份/城市	规划/政策	建设内容
北京	2012 年 3 月《智慧北京行动纲要》	"智慧北京"的特征表现在基础设施、信息化和发展环境；提出了八大行动计划
上海	2011 年 9 月《上海市推进智慧城市建设 2011—2013 年行动计划》	①构建国际水平的信息基础设施体系；②构建创新活跃的新一代信息技术产业体系；③构建可信、可靠、可控的城市信息安全保障体系
浙江	2012 年《浙江省人民政府关于务实推进智慧城市建设示范试点工作的指导意见》	①科学确定试点项目；②建立健全试点组织体系；③精心编制与实施试点方案；④创新投资建设、运营管理和服务模式；⑤协同推进标准化建设；⑥着力加强网络与信息安全保障；⑦加快提升信息基础设施建设水平
山东	《山东省人民政府办公厅关于开展"智慧山东"试点工作的意见》	积极推进"智慧城市、城区、社区"试点，培育智慧产业，提升服务能级，构建下一代信息基础设施
河南	2015 年 8 月《河南省促进智慧城市健康发展工作方案（2015—2017 年）》	在开展信息惠民试点示范、实施"宽带中原"战略、推进智慧交通应用、智慧医院及网络医院建设等方面推出 18 条措施
广东	《促进物联网发展建设智慧广东行动方案（2011—2012 年）》	开展智慧城市建设试点，加快重点领域应用，加强物联网技术研发和产业化，加快无线城市建设和光纤入户，完善信息基础设施建设
安徽	《安徽省"十二五"信息化发展规划》	①构建智能信息化网络体；②以信息化手段提升城市管理水平；③加强信息技术在公共服务和社会管理创新方面的应用
杭州	2012 年 10 月《"智慧杭州"建设总体规划（2012—2015）》	完善两个"基础"，深化四个"应用领域"，强化两个"支撑"
南京	2011 年 12 月《南京市"十二五"智慧城市发展规划》	完善智慧基础设施，构建智慧应用体系，促进智慧产业发展

省份/城市	规划/政策	建设内容
宁波	《中共宁波市委 宁波市人民政府关于建设智慧城市的决定》	加快推进智慧城市应用体系、智慧产业基地、智慧城市基础设施的建设，加快智慧城市信息资源开发利用，完善智慧城市建设支撑体系
深圳	《智慧深圳规划纲要（2011—2020 年）》	优化管理机制、加强基础建设、建立公共平台、实施标准战略、推动业态创新、优化产业结构
大连	《大连市城市智慧化建设总体规划（2014—2020）》	推进信息基础设施集约化建设，推动公共管理、民生服务、经济发展的智慧化建设

2014 年 9 月，国家发改委联合七部委发布《关于促进智慧城市健康发展的指导意见》(以下简称《意见》)。《意见》指出，我国智慧城市的发展目标为：到 2020 年，建成一批特色鲜明的智慧城市，聚集和辐射带动作用大幅增强，综合竞争优势明显提高，在保障和改善民生服务、创新社会管理、维护网络安全等方面取得显著成效。到 2020 年，智慧城市发展包括"五化"，分别是公共服务便捷化、城市管理精细化、生活环境宜居化、基础设施智能化以及网络安全长效化[9]。

表 1-3　智慧城市发展"五化"

公共服务便捷化	在教育文化、医疗卫生、计划生育、劳动就业、社会保障、住房保障、环境保护、交通出行、防灾减灾、检验检测等公共服务领域，基本建成覆盖城乡居民、农民工及其随迁家属的信息服务体系，公众获取基本公共服务更加方便、及时、高效

城市管理精细化	市政管理、人口管理、交通管理、公共安全、应急管理、社会诚信、市场监管、检验检疫、食品药品安全、饮用水安全等社会管理领域的信息化体系基本形成，统筹数字化城市管理信息系统、城市地理空间信息及建（构）筑物数据库等资源，实现城市规划和城市基础设施管理的数字化、精准化水平大幅提升，推动政府行政效能和城市管理水平大幅提升
生活环境宜居化	居民生活数字化水平显著提高，水、大气、噪声、土壤和自然植被环境智能监测体系和污染物排放、能源消耗在线防控体系基本建成，促进城市人居环境得到改善
基础设施智能化	宽带、融合、安全、泛在的下一代信息基础设施基本建成。电力、燃气、交通、水务、物流等公用基础设施的智能化水平大幅提升，运行管理实现精准化、协同化、一体化。工业化与信息化深度融合，信息服务业加快发展
网络安全长效化	城市网络安全保障体系和管理制度基本建立，基础网络和要害信息系统安全可控，重要信息资源安全得到切实保障，居民、企业和政府的信息得到有效保护

《意见》中指出，要科学制定智慧城市建设顶层设计。第一，加强顶层设计，从城市发展的战略全局出发制定智慧城市建设方案；第二，推动构建普惠化公共服务体系，加快实施信息惠民工程，不断推进智慧医院、养老信息化服务体系、公共就业信息服务平台等建设；第三，支撑建立精细化社会管理体系，建立全面的社会治安防控体系、推进公共安全视频联网应用、完善城乡公共安全保障体系等；第四，促进宜居化生活环境建设，建立环境信息智能分析系统、预警应急系统以及环境质量管理公共服务系统，推广智慧家庭等；第五，建立现代化产业发展体系，加快物

流配送体系，加快发展信息服务业以及促进建设完善电子商务基础设施等；第六，加快建设智能化基础设施，构建城乡一体的宽带网络，推动城市公用设施等的智能化改造，加快智能电网建设，推动北斗导航卫星地基建设发展交通信息增值服务，等。《意见》中指出，要切实加大信息资源开发共享力度。加快推进信息资源共享与更新，深化重点领域信息资源开发利用。同时，要积极运用新技术新业态，包括加快重点领域物联网应用，促进云计算和大数据健康发展以及推动信息技术集成应用。《意见》中还指出，要着力加强网络信息安全管理和能力建设。要严格全流程网络安全管理，加强要害信息设施和信息资源安全防护，强化安全意识和安全责任。最后，《意见》指出，要完善组织管理和制度建设。

2017 年 5 月，石家庄市发布《石家庄市推进智慧城市建设行动计划（2017—2019 年）》（以下简称《计划》），以充分运用物联网、云计算、大数据、空间地理信息集成等新一代信息技术，促进城市规划、建设、管理和服务智慧化，加快建设现代化省会城市，提升城市管理和服务水平[8]。

《计划》指出，到 2019 年底，建成以基础设施智能化、公共服务便捷化、城市管理精细化、决策支持科学化、产业经济高端化为支撑的智慧城市体系框架，城市信息化整体水平得到显著提升，智慧城市建设成为石家庄提升城市竞争力和城市软实力、实现京津冀城市群"第三极"战略目标的强大支撑和重要基础[8]。

在推进智慧城市建设的过程中，受各地条件的制约，区域差异明显，华南与华东地区发展良好，东北、西北、西南等地区发展较为落后。智慧城市在各省份、各领域的发展水平也不尽相同。我国智慧城市整体发展水平处于领先地位的有无锡、上海、北京、杭州、宁波、深圳、珠海、佛山、厦门、广州等。智慧城市发展水平参差不齐，城市整体智慧化程度较低，建设能力及落地性有待提升。当前，我国正在通过"互联网+""两化融合""三网融合"等战略，积极利用物联网、大数据、云计算、人工智能等新技术，推进智慧城市建设。国内在建设智慧城市过程中，有些城市围绕创新推进智慧城市建设，而更多的城市则是围绕各自城市发展的战略需要，选择相应的突破重点，从而实现智慧城市建设。在国内智慧城市建设中，具有自身智慧城市建设特点的有：

（一）北京：世界城市

2012 年 3 月，北京发布了《智慧北京行动纲要》，2015 年将"创新应用，加快推进智慧北京建设"作为其经济和信息化系统六项重点任务之一。2016 年 3 月发布的《北京市国民经济和社会发展第十三个五年规划纲要》中提出，加快新型城市建设，建设智慧城市。

2013 年，北京市建设了我国首个智慧城市服务的北斗公共平台。北京市的信息基础设施建设取得显著成效，特别是在卫生、教育、社保、安防等领域取得了突破性进展，建成了电子政务专网、社区公共服务平台以及社会保障卡系统等项目。

（二）上海：光网之城

2011 年，上海出台了《上海市推进智慧城市建设 2011—2013 年行动计划》，2014 年发布了《上海市推进智慧城市建设行动计划（2014—2016）》，指出实施"活力上海"五大行动，推进建设 28 个重点专项。2016 年 2 月发布的《上海市国民经济和社会发展第十三个五年规划纲要》提出，深化以泛在、融合、智慧为特征的智慧城市建设。

上海是城市光网建设的先驱者，其率先在国内开展"光网城市"工程建设，推动公共场所无线局域网建设，积极开展三网融合、云计算、物联网等技术研发应用，并将信息技术广泛应用于城市各领域。上海市的公共无线局域网覆盖密度和规模、三网融合业务、高清电视、高清 IPTV 等信息消费水平均为全国第一。

（三）深圳市：安防之都

2010 年，深圳市提出要抓住城市竞争力要害，打造智慧城市，于 2012 年通过《智慧城市规划纲要》。2016 年 4 月发布的《深圳市国民经济和社会发展第十三个五年规划纲要》提出，建设信息经济为先导的智慧城市，打造具有国际先进水平的智慧之城。

深圳市正在加速推进"无线城市"建设，2014 年成为国家首批"宽带中国"示范城市。发展"云物流"，打造华南智慧物流基地。建成了综合交通运行指挥中心，实施"U 交通战略"，成为国内领先的智慧交通城市。推动物联网产业在安防领域的研究应用，被誉为"国家安防之都"。

（四）宁波市：云城市

2016 年初，宁波市与多方签署战略合作协议，推动宁波智慧城市从 1.0 迈向 2.0。2016 年 2 月发布的《宁波市国民经济和社会发展第十三个五年规划纲要》指出，要推进智慧城市建设。

宁波市智慧城市建设起步较早，"十二五"期间，智慧城市建设共推进了 30 项工程、87 个项目。宁波拥有全国首个"云医院"，建有智慧教育"云平台"。2015 年集中推出智慧健康、智慧交通、智慧教育、智慧城市管理等应用新项目，"云城市"建设率先迈入了实施阶段。

（五）无锡市：感知城市

2012 年，无锡启动智慧城市三年行动计划。2014 年 4 月印发了《智慧无锡建设三年行动纲要（2014—2016 年）》，为智慧城市建设工作构建了总体框架，明确了推进思路。2015 年 4 月签署了《"互联网+"战略合作协议》，6 月正式启动"互联网+城市服务"建设。2016 年 1 月发布的《无锡市国民经济和社会发展第十三个五年规划纲要》提出，推进智慧城市建设，打造智慧城市建设先行示范区。

无锡市物联网产业发展应用在国内乃至国际上都享有较高的知名度。2010 年开始，无锡力争建设具有全球影响力的物联网应用示范先导区，建成了在交通、工农业、教育、电力等领域的一系列感知示范工程，成为引领全国的先行区。

三、国际智慧城市发展现状

在世界范围内，很多国家都已经开始智慧城市的建设，发展较快的国家有美国、瑞典、爱尔兰、德国、法国、中国、新加坡、日本、韩国等，但大部分国家的智慧城市建设都处于有限规模、小范围探索阶段。各个国家在智慧城市建设中各有侧重点。韩国以网络为基础，全方位改善城市管理效率，打造绿化的、资讯化的、无缝连接便捷的生态型和智慧型城市，通过智慧城市建设培育新兴产业；美国以基础设施、智能电网为建设重点，将城市所有资源连接起来（水、电、油、气、交通、公共服务等），将智慧城市建设上升到国家战略的高度；新加坡智慧城市建设注重于服务公众，以建设服务型政府为目标，在信息通信技术促进经济增长与社会进步方面都处于世界领先地位；德国提出了"T-city"计划、"All-in-one"计划；日本于 2009 年 7 月推出"I-Japan（智慧日本）战略 2015"。

（一）韩国：泛在网络

韩国以无线传感器网络为基础，实现资源的数字化、网络化、可视化和智能化，以此促进国家经济发展和社会变革。全方位改善城市管理效率，打造绿化的、资讯化的、无缝连接便捷的生态型和智慧型城市，通过智慧城市建设培育新兴产业。

2004 年 3 月，韩国政府推出了"U - Korea"发展战略，将网络基础设施建设作为重点，建设以信息化为基础的国家。2009年，韩国提出"绿色 IT 国家战略"规划，投入 4.2 万亿韩元，将建成网速至每秒 1 GB 的高速网络。截至 2009 年年底，韩国网速和宽带覆盖率均居全球首位，互联网网速平均传输速率达 20.4 M/s，家庭宽带覆盖率达 95%。基于良好的信息化基础，部分城市尝试深化电子政务、构建"智慧城市"。如仁川打造智慧型都市，重点为医疗、教育与商业领域的基础设施信息化应用。首尔建设 IPTV 电子政府服务，推进双向公众服务，为市民在线办理行政业务提供便利条件，推进政府服务升级。

（二）美国：智能服务

美国以基础设施、智能电网为建设重点，以新一代信息技术为支撑，将水、电、油、气、交通、公共服务等城市资源连接起来，实现城市数字化，以了解城市资源的使用情况，实现节能减排，提升市民和企业的可持续发展意识和责任感，并将智慧城市建设上升到国家战略的高度。

2009 年奥巴马就任美国总统后，与美国工商业领袖举行了一次圆桌会议。IBM 在会上首次提出了"智慧地球"这一概念，建议政府投资新一代智慧型信息基础设施。2009 年，美国发布了《经济复兴计划进度报告》，计划在未来 3 年内，为百姓家庭安装 4000 万个智能电表，同时投资 40 多亿美元推动电网现代化建设。加利福尼亚州圣何塞启动了智能道路照明工程，利用智能控制联网技术，以新型灯具的效率为基础，降低能耗，改善服务，使城市的街道、道路和公路更安全美观。美国政府启动了联邦智能交通系统。此系统包括了智能基础设施和智能交通工具两大智能子系统。智能交通系统能够有效地对交通基础设施进行监控，及时提供交通信息预警，减少交通事故，为出行者提供安全保障。

（三）欧盟：智能治理

欧盟国家注重社会的综合治理，以改善人的生活环境为重点。在智慧城市建设中，制定和实施了欧盟"i2010"战略、欧洲"2020 战略"、智慧城市和社区欧洲创新伙伴行动、欧洲数字化议程、欧盟北海项目、智慧 IP 项目、智能欧洲平台、民生工程等相关战略和计划。建立了政府引导、企业参与、公众驱动的城市治理创新模式。致力于发展最新通信技术，建设"环境感知智能"的新网络，促进绿色经济和知识经济的发展，推动城市生产和生活方式的转型，实现智慧型增长、可持续增长和包容性增长。建设集智慧移动、城市信息管理、公共安全信息、生活、休闲、旅游于一体的智慧平台，支持和培育用户驱动创新生态系统，提升公共管理服务。

（四）新加坡：智慧国

新加坡智慧城市注重于服务公众，以建设服务型政府服务为目标。20 世纪 80 年代初，大力发展信息化基础设施建设，推广信息化技术，加速政府信息化进程，构建了信息与应用整合平台，连通了政府主要部门的计算机网络，实现了数据共享，并在政府和企业之间开展电子数据交换，消除"信息孤岛"。通过对数据进行分析，预测民众的需求，为公众和企业提供更好的服务。

2000 年，新加坡提出了"信息与应用整合平台—ICT"计划，推进信息、通信、技术在经济和现代服务业领域的快速成长，使传统的经济模式向知识型经济转变，使其成为在经济、现代服务业、信息社会领域的重要推动力。

2013 年，新加坡的信息技术产业产值达到 148.1 亿新加坡元，年增长率高达 44.6%，其中出口占 72.7%，引进和培养信息技术人才 14.67 万人。在信息、通信、技术促进经济增长与社会进步方面都处于世界领先地位。2006 年，新加坡启动了"智慧国 2015"计划，提出了创新、整合和国际化的智慧城市建设原则，提升跨地区和跨行业的资源整合能力。利用信息与网络科技，提升数码媒体与娱乐、教育与学习、金融服务、电子政府、保健与生物医药科学、制造与后勤、旅游与零售等七大经济领域的创新能力。

（五）瑞典：智慧交通

瑞典的智慧城市主要体现在智慧交通系统的建设上。瑞典为解决首都交通拥挤问题，引入了 IBM 的流计算平台"InfoSphere Streams"，分析采集的车辆位置信息，为城区同行车辆提供回避拥堵路线的服务，大量地减少了车流，降低了交通拥堵。

瑞典政府投入大量财力积极打造信息社会，每年信息化投入占全国 GDP 的 4%，取得了显著成效。2009 年，瑞典家庭网民普及率达到 84%，移动通信普及率达到 94%，3G 应用普及率达到 92%。交通堵塞降低 25%，交通排队所需时间降低 50%，出租车的收入增长 10%，城市污染也下降了 15%，并且平均每天新增 4 万名公共交通工具乘客，有效地实现了绿色、便利的交通。智能交通系统改善了整体交通和通勤状况，实现了绿色交通的和谐环境。

（六）英国：数字之都

2009 年 6 月，英国发布了"数字英国"计划，明确提出将英国打造成世界的"数字之都"，在 2012 年建成覆盖所有人口的宽带网络。英国城市建设模式注重发展应对世界气候变化的各种智能和环境友好型的技术与方案，"绿色环境"是其城市智慧化的目标之一。

2007 年，英国在格洛斯特建立了"智能屋"试点，利用传感器、红外线等现代信息感应技术，对房子周边环境、家庭设备、人员活动状况等进行监测，通过现代终端设备将监测数据及时传递给相关部门，构建了和谐的生活环境。伦敦以建设生态社区为主，采取建筑隔热、智能供热、天然采光等先进设计理念，综合使用太阳能、风能、生物质能等可再生能源。生态社区与传统社区相比，可节约 81% 的供热能耗和 45% 的电力消耗，贝丁顿社区是英国最大的低碳可持续发展社区。

表 1-4　国际智慧城市发展情况

城市或国家	时间	项目简介
美国博尔德	2008 年	智能电网城市工程：依赖于先进的信息技术系统与电网互联，实现远程监控与实时信息的收集和发布，以降低输配电过程中的电能消耗，并影响市民的用电行为方式[9]
美国圣何塞	2009 年	智能道路照明工程：旨在将该市改造成洁净能源技术革新的世界中心，促进环境的可持续发展并降低能源消耗[10]
美国迪比克	2009 年	IBM 将智慧地球建设方案应用于美国迪比克市，计划将城市的水、电、油、气、交通、公共服务等所有资源数字化，监测、分析和整合各种数据，以智能化地响应市民的需求并降低城市的能耗和成本[11]

城市或国家	时间	项目简介
美国洛杉矶	2015 年	计划在现有的路灯上安装移动芯片,将洛杉矶市的所有路灯接入蜂窝网络,最终仅需使用一台笔记本电脑即可控制整个城市的 LED 路灯[12]
德国弗里德里希哈芬	21 世纪初	在医疗、教育等领域启动了超过 40 个智慧城市建设项目,如远程诊疗、肿瘤会诊、网络教育、在线幼儿园,以及为应对日益严峻的老龄化社会开展的"独立生活"项目[13]
德国米尔海姆	2012 年	在大学社区等公共建筑建立含有 ICT 系统的能源监控系统,智能化统计和计算建筑内的空调、电灯、电视等各项能耗数据,并显示在公共显示屏和手机应用程序中,以此提醒人们节约能源。同时,该系统在建筑物上采用一种多功能节能材料,能够生产和存储能源,并进行自我修复和清洁,大大降低了建筑成本,且实现了温室气体零排放[12]。2016 年,米尔海姆获得了 ICF 全球顶尖七大智慧城市之一的殊荣[9]
英国伯明翰	2006 年	"数字伯明翰"项目:旨在促进数字和信息技术在所有市民和不同行业之间的应用,以加速地区经济的可持续增长,同时惠及更多市民,提高生活品质[14]
瑞典斯德哥尔摩	2006 年	智能交通系统:实现对一切车辆的自动识别,缓解城市道路拥堵,并减少空气污染[15]。2009 年,斯德哥尔摩以"智慧交通"主题获得 ICF 全球年度最佳智慧城市[16]
西班牙巴塞罗那	2009 年	重视物联网对智慧城市的作用,城市覆盖了大面积的无线传感器和路由器[9]
荷兰阿姆斯特丹	2009 年	启动了 West Orange 和 Geuzenveld 两个项目,通过节能智慧化技术,降低二氧化碳排放量和能量消耗,以改善环境问题[14]

续表

城市或国家	时间	项目简介
奥地利维也纳	2011 年	大力建设智慧化的城市管理系统："城市供暖和制冷计划"以降低能源消耗，并减少二氧化碳的排放；"智慧排污系统"以对管网内污水的各项指标进行实时动态监测[9]
芬兰赫尔辛基	2014 年	公共交通系统升级计划：旨在打造一个构架在移动互联网之上的全覆盖、点对点、"按需移动"的整合公交系统使公共交通成为市民的首位出行选择，从而使当地的交通系统更加智能、安全和可持续[14,17]
新加坡	1992 年	"智慧岛"计划：计划建设覆盖全国的高速宽带多媒体网络，普及信息技术，在地区和全球范围内建立联系更为密切的电子社会，增强人民生活质量。1999 年，新加坡以"全民高速互联网连接"为主题获得 ICF 全球年度最佳智慧城市的称号[15]
新加坡	2006 年	"智慧国家 2015"计划：主要采取"市民、企业、政府"合作的模式，利用无处不在的信息通信技术，将新加坡打造成为以信息通信为驱动的国际大都市[9]
日本	2001 年	"e-Japan"计划：创立 IT 战略总部，集中研究国家信息化战略[18]
日本	2004 年	"U-Japan"计划：推进日本信息通信技术建设，发展无所不在的网络和相关产业[18]
日本	2009 年	"I-Japan"计划：重在建立电子政务和电子地方自治体，实现医疗保健、人才教育等的电子化[11]
韩国	2004 年	"U-Korea"战略：以无线传感器网络为基础，把韩国的所有资源数字化、网络化、可视化、智能化，以此促进韩国经济发展和社会革新，希望使韩国提前进入智能社会[19]

四、智慧城市的发展趋势

智慧城市是利用新一代信息技术来感知、监测、分析、整合城市数字资源，对各种需求作出智能反应，为公众创造绿色、和谐的环境，提供泛在、便捷、高效服务的城市形态。智慧城市是人类社会迈向信息社会的必然产物，是当今世界城市发展的新理念和新模式，建设智慧城市已经成为当今世界城市发展的前沿趋势。

从国际智慧城市发展形势来看，许多发达国家和地区都将智慧城市建设作为刺激经济发展和建立长期竞争优势的重要战略。2010 年美国提出加强智慧型基础设施建设和推进智慧应用项目的经济刺激计划；欧盟制定了智慧城市框架；2004 年韩国、日本先后推出 "U-Korea" "U-Japan" 的国家战略规划；新加坡提出了2015 年建成 "智慧国" 计划；中国台湾提出了建设 "智慧台湾" 的发展战略等。

面对全球智慧城市建设的热潮，2012 年 12 月，美国科罗拉多大学博伊德·科恩博士开展了一次全球智慧城市的排名，排名前十的城市大致可分为三种类型：第一类为降低碳排放、致力于环境保护的城市，如开发智能电网的维也纳、发展循环经济的多伦多、实施自行车共享计划的巴黎；第二类为关注应急、保障社会安全的城市，如建立防灾系统的纽约、治理交通拥堵的伦敦、推动移动智能的东京；第三类为依靠科技、培育新兴产业的城市，如推广电动汽车的柏林、创新清洁技术的哥本哈根、推广智能卡的香港、扩展光伏产业链的巴塞罗那。

通过对智慧城市的评价研究，结合当今经济社会及新一代信息技术发展趋势，亦可发现一些未来智慧城市的发展趋势，主要体现在以下六个方面：

①提升城市信息基础设施能力。高速、宽带、融合、无线的泛在网及 GIS 将联通所有人或物。信息网络基础设施在发生重大变革，宽带化、三网融合进程不断加快，互联网和物联网交融发展，云计算使计算资源配置更加高效，高速、宽带、融合、智能的信息基础设施将成为现实。感知设备是"智慧城市"最基本的基础设施，可以实现所有城市部件的联网。空间地理信息平台集信息采集、处理、分析、共享和协同等能力于一体，由此衍生出空间信息服务生态体系，将成为智慧城市发展不可或缺的另一信息基础设施。

②城市运行智能精准。精细、准确、可视、可靠的传感中枢将智能调度城市要素，物联网、互联网和云计算交融发展，构建人与物、数据信息等共享的关键智能信息基础设施，广泛分布的传感器、射频识别（RFID）和嵌入式系统使物理实体设施具备感知、计算、存储和执行能力，不断推动城市运行的智能化、可视化和精准化。

③社会服务便捷高效。虚拟化、个性化、均等化的社会服务将无所不在，供水、供气、供电、供热、电信、有线电视、银行、城建等部门信息系统将逐步整合，各项信息数据共享，形成便捷高效的公共服务信息网络平台，为公众提供及时、简单、便捷、虚拟化的生活服务。远程教育、远程医疗、数字娱乐等网络化的公共服务，将逐步优化人们的学习、工作和生活环境，满足居民的个性化需求。

④居民生活绿色宜居。科学、绿色、超脱、便捷的数字化新生活将梦想成真。

⑤城市经济可持续发展。非物质化、低碳化的数字经济将蓬勃兴起，新技术创新催生经济新业态，数字经济随着"智慧城市"建设进程快速发展，虚拟空间的数字经济发展空间巨大。安全、便捷、低碳的电子商务将是政府、企业和个人经济活动中最主要的交易形态。非物质化的网络文化打破了文化载体、内容和传播的制约，加速了文化传播，成为各国数字经济的重要构成因素。

⑥政府管理服务更加亲民。网上政府、透明管理、无缝服务将奠定良治社会的技术基础，高效透明、无缝服务的政府是政府改革的方向，网上政府将成为政府行使职能的主要形式。电子政务促使政府行政由管制型向服务型转变，强调政府履行政府职能要充分发挥和完善政府的服务功能，为公众和社会提供更广泛、更快捷、更全面的服务，使多层次、多部门、以"管"为目的的

传统政府向"智能的"、以"客户"为中心的高效透明服务型政府转变。电子政务、网上政府将是实现这一目标不可或缺的手段，也是政府行使职能和提供服务的主要形式。

总之，智慧城市建设将构建一个生态、宜居、便捷的可持续发展的新型城市。

国内众多城市都把建设智慧城市作为转型发展的战略选择。智慧城市建设成为贯彻落实党的十八大提出的"四化同步"发展战略部署的重要举措。

近年来，国内智慧城市建设热潮兴起，100%的一级城市提出了"智慧城市"的详细规划，80%以上的二级城市也明确提出了建设"智慧城市"。截至 2013 年 1 月，全国已有 320 个城市投入 3000 亿元建设智慧城市，"十二五"期间用于建设"智慧城市"的各方投资总规模有望达 5000 亿元。各地在智慧城市建设中的思路各有侧重，关注重点大致可分为社会应用、基础设施建设、产业发展、新一代信息技术等四个方面。总体来看，对社会应用和基础设施建设的关注程度较高。在明确提出智慧城市发展战略的城市中，优先发展民生、城市管理等社会应用工程和基础设施建设的占 70%以上。目前我国主要城市的 3G 网络已基本实现全覆盖，光纤入户率快速增长，宽带普及率和接入带宽全面提高。基础设施建设水平的飞速发展，为智慧城市建设与发展奠定了良好的基础。

建设智慧城市需要进一步抢抓新一代信息技术深化应用的重

大机遇，解决信息化应用面临的跨部门整合等复杂问题。解决这些问题需要政府部门致力于完善公共政策，优化发展环境，加强协调配合，更好地引导智慧城市健康发展。

工业和信息化部作为推进城镇信息化建设的主管部门，将智慧城市作为重点工作，通过制定规划、试点示范、总结推广等三种方式全面部署智慧城市建设相关工作。

第一，制定规划，统筹全局。工业和信息化部高度重视智慧城市工作，把规划制定作为协调推进经济社会各领域信息化，发展电子政务应用，协调推动"智慧城市"、农业信息化和社会管理领域信息化建设的重要工作手段。先后编制了《互联网行业"十二五"发展规划》《通信业"十二五"发展规划》《宽带网络基础设施"十二五"规划》《国际通信"十二五"发展规划》《电信网码号和互联网域名、IP 地址资源"十二五"规划》等十余个与智慧城市相关的规划，涉及信息化、信息安全、电子信息产业、软件业、通信业、物联网、电子政务、电子商务等多个行业与领域。

第二，试点示范，重点突破。通过试点示范鼓励有条件的地区在智慧城市建设方面开展积极探索，积累值得推广的经验。2010 年，国家发展改革委员会批准北京、上海、深圳、杭州、无锡等五地率先成为国家云计算服务创新示范城市，到 2015 年，我国云计算产业链规模已达 7500 亿~1 万亿元。2012 年落实了无锡国家传感网创新示范区等 252 个物联网试点项目。

2013 年 2 月，工业和信息化部、浙江省人民政府、国家标准化管理委员会在北京与原环保部、水利部、原卫生部、原国家旅游局、国家电网公司签署了六项智慧城市建设示范试点项目合作协议，包括智慧环境、智慧水务、智慧健康、智慧旅游、电动汽车、智慧电网等六个示范试点项目。试点项目覆盖了城市发展的主要领域。

住房和城乡建设部作为城市建设的主管部门，侧重以智慧理念推进城镇化有序、可持续发展，于 2013 年初开展智慧城市试点工作，首批确定试点城市 90 个，河北省石家庄市、廊坊市、邯郸市、秦皇岛市、迁安市、秦皇岛北戴河新区等六城市位列其中。同年 8 月批准第二批 103 个城市成为试点，河北省唐山市曹妃甸区、唐山市滦南县、保定市博野县位列其中。2015 年 4 月批准了第三批 84 个试点城市、扩大范围试点城市 13 个、专项试点城市 41 个，河北省唐山市被列入试点名单。国外研究机构德勤 2018 年年初发布的《超级智能城市》管理咨询报告显示，我国智慧城市试点城市已有 500 个，这标志着我国智慧城市已进入大规模建设阶段。

第三，政策引导，有序发展。为促进我国智慧城市建设健康有序发展，经国务院批准，国家发展改革委、工业和信息化部、科学技术部、公安部、财政部、国土资源部、住房和城乡建设部、交通运输部等八部委联合印发的《关于促进智慧城市健康发展的指导意见》（以下简称《意见》），概括了智慧城市建设的主要目标和任务。《意见》指出，到 2020 年，建成一批特色鲜明的智慧城市，聚集和辐射带动作用大幅增强，综合竞争优势明显提高，在保障和改善民生服务、创新社会管理、维护网络安全等方面取得显著成效。《意见》覆盖了智慧城市的众多领域，未来社会管理、民生服务、网络安全将是智慧城市的投入重点，实现公共服务便捷化、城市管理精细化、生活环境宜居化、基础设施智能化、网络安全长效化等目标。《意见》要求，科学制定智慧城市建设顶层设计，切实加大信息资源的开发共享力度，积极运用新技术新业态，着力加强网络信息安全管理和能力建设，完善组织管理和制度建设。

目前，各地智慧城市建设多数项目仍停留在规划阶段，缺乏资金和统一标准是当前智慧城市建设出现困局的重要原因。《意见》进一步明确了未来智慧城市的发展重点，有利于指导相关产业的发展。随着政策的进一步落实以及国家层面工作协调机制的建立，智慧城市必将健康、有序地发展。

第二章 定兴县社会发展与信息化现状

一、定兴县国民经济和社会发展现状

定兴县政府在经济新常态的背景下，深入贯彻党的十八届五中全会提出的创新、协调、绿色、开放、共享的五大发展理念，以及国务院印发的《生态文明体制改革总体方案》、国家发改委等八部委颁布的《关于促进智慧城市健康发展的指导意见》，创新发展，主动融入京津冀协同发展，适应经济发展新态势，积极转变发展方式，建设"京南生态卫星城"，统筹稳增长、调结构、促改革、治污染、惠民生各项工作，县域经济保持平稳较快增长。目前已经形成汽车及零部件、食品加工两大主导产业，外加现代装备制造、生物制药、新能源等新兴产业的生态产业体系。

定兴县已经获得"全国文化先进县""全国商品粮基地县""全国粮食生产先进县""全国绿化模范县""全国平安建设先进县""全国法治县创建活动先进单位"和"全国蔬菜产业发展重点县"等多个国家级荣誉称号，以及"河北省园林县城""河北省人居环境进步奖"。

在 2017 年定兴县"两会"上，定兴县政府总结了过去 5 年定兴县的变化。定兴县城乡面貌焕然一新，城市化水平提高，城区面积扩大，由原来的 10.9 平方千米扩展为 15.8 平方千米；定兴县创新力量备受瞩目，包括果壳重创空间在内的入驻团队 14 家，被保定市评为第三批重创空间，电子商务被授牌为"河北定兴·北京商务服务中心"，定兴县科技型中小企业达到 158 家，与 2014 相比增加了 120 家[20]。

（一）定兴县地区生产总值发展现状

2005—2017 年，定兴县地区生产总值呈稳定上升的趋势。2005 年最低，为 41.4 亿元，2010 年达到 61.1 亿元，平均增长率为 47%。2015 年开始，定兴县经济进入快速发展阶段，2015 年地区生产总值为 110 亿元，是"十一五"末的 3.4 倍，总量在一类县居第三位。2016 年第一季度完成地区生产总值 19.2 亿元，同比增长 7%，增速在保定市排第九位。2016 年全年定兴县地区生产总值总量达到 117 亿元，跻身保定市一类经济强县，并且年均增速为 8.2%。2017 年，定兴县的经济发展实现了稳中有进、进中向好的发展趋势，实现经济总量目标 130 亿元，增长 7.9%[21]。

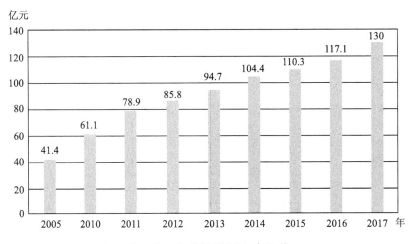

图 2-1　定兴县地区生产总值

从图 2-2 中可以看出，2005—2010 年，定兴县地区生产总值与全国国内生产总值的年均增长率差距较大，定兴县地区生产总值年均增长率为 8.11%，而全国国内生产总值的年均增长率为 16.78%，是定兴县的 2 倍；2011—2015 年，全国国内生产总值的年均增长率为 9.95%，与上一阶段相比增速减缓，而定兴县地区生产总值年均增长率为 8.76%，与上一阶段相比增速加快，此时定兴县地区生产总值与全国国内生产总值年均增长率差距不大；在最后一个阶段，定兴县地区生产总值与全国国内生产总值年均增长率相近，该阶段定兴县地区生产总值年均增长率与前两个阶段相比更大。

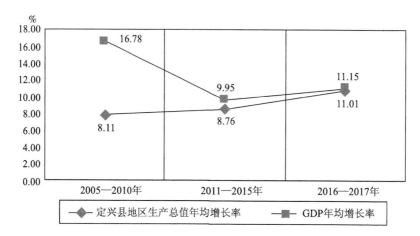

图 2-2　全国与定兴县生产总值年均增长率

从图 2-3 中可以看出，定兴县地区生产总值在保定市地区生产总值中的平均占比为 3.5%。定兴县经济实力在河北省的综合排位大幅前移，由 2009 年的第 117 位跃升到 2013 年的第 69 位；民营经济河北省综合排位由 2011 年的第 50 位跃升到 2014 年的第 11 位，居保定市第一位[17]。

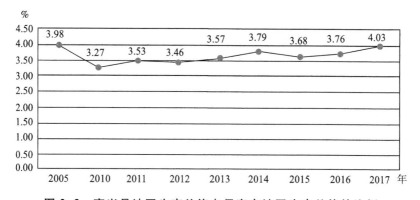

图 2-3　定兴县地区生产总值占保定市地区生产总值的比例

图 2-4 中人均生产总值均呈逐年上升的趋势。2005 年，定兴县的人均生产总值为 7328 元；2010 年为 10433 元，分别为全国和河北省人均生产总值的 34.1%、36.4%，为保定市人均生产总值的 57%，并实现了人均生产总值破万的目标；2015 年，人均生产总值为 18266 元，分别为全国和河北省人均生产总值的 36.4%、45.4%，为保定市人均生产总值的 63%；2016 年实现人均生产总值 19197 元，为保定市人均生产总值的 64%。

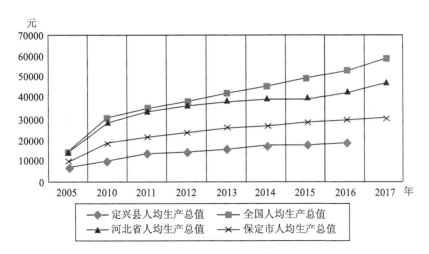

图 2-4 全国、河北省、保定市和定兴县人均生产总值情况

（二）定兴县第三产业发展现状

从图 2-5 中可以看出，全国、河北省以及保定市第三产业在国民经济中的比例呈稳定上升趋势，定兴县第三产业比重在 2013 年达到最大值，2014 年第三产业比重下降，其后比重逐年上升；

定兴县与全国第三产业分布情况有一定差距，与河北省与保定市的差距在逐年减小；2016年，定兴县第三产业比重为33%，全国、河北省以及保定市的第三产业比重分别为51.6%、41.5%以及38.6%。

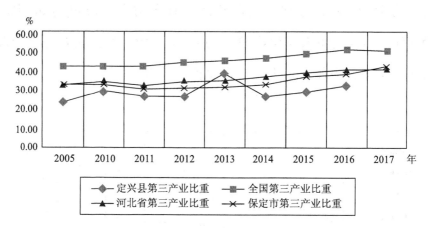

图 2-5　全国、河北省、保定市和定兴县第三产业比重情况

（三）定兴县城市化水平

从图2-6中可以看出，河北省、保定市城市化水平在逐年提高，全国城市化率从2005年的43%上升到2016年的57.4%，再到2017年的58.52%。2005年，定兴县的城市化率为15%，明显低于全国的城市化水平，2005年，河北省及保定市的城市化率分别为37.7%、31.8%，定兴县与河北省及保定市的城市化水平也有一定差距；2015年，定兴县的城市化水平达到37.5%，同2005年相比，城市化水平明显大幅度提升，同年全国、河北省及保定

市的城市化水平分别为 56.1%、51.33% 及 46.7%，定兴县城市化
水平与河北省及保定市的距离在缩小，并逐渐接近全国城市化水
平。2014 年 8 月，定兴县公布《定兴县城乡总体规划（2013—
2030）》，提出到 2020 年实现城镇化率 49%，2030 年实现城镇化
率 64% 的目标。

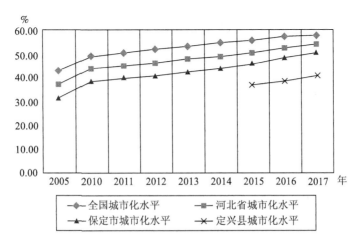

图 2-6　全国、河北省、保定市和定兴县的城市化水平

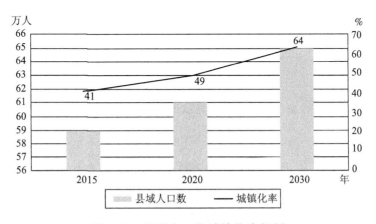

图 2-7　县域人口及城镇化率规划

（四）定兴县工业化水平

从图 2-8 中可以看出，全国、河北省以及保定市的工业在国民经济中的占比在逐年下降，2015 年以前定兴县工业比重逐年增加，2015 年后占比减小。2005 年，定兴县与全国、河北省以及保定市工业占比大致相近；2015 年，定兴县与河北省、保定市工业占比大致相近，均高于全国工业占比；2016 年，定兴县的工业占比为 42.7%，低于河北省和保定市 47.6% 和 49.6% 的工业占比，但高于全国 39.8% 的工业占比。

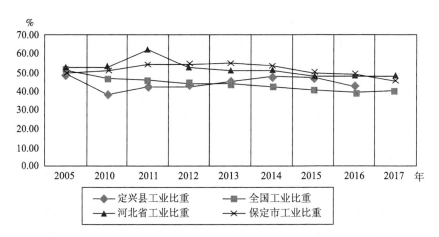

图 2-8　全国、河北省、保定市和定兴县的工业比重情况

（五）定兴县人均可支配收入

2005—2017 年，全国、河北省、保定市以及定兴县城镇居民

人均可支配收入都呈逐年上升的趋势；2013 年，定兴县城镇居民人均可支配收入为 2 万元，全国、河北省以及保定市的城镇居民人均可支配收入分别为 2.7 万元，2.2 万元及 2.1 万元，定兴县城镇居民人均可支配收入与全国差距不大，与河北省及保定市城镇居民人均可支配收入基本持平；2015 年，定兴县城镇居民人均可支配收入达到 2.4 万元，比"十一五"末增长 63.2%，同年全国、河北省及保定市城镇居民人均可支配收入分别达到 3.1 万元、2.6 万元及 2.3 万元，定兴县城镇居民人均可支配收入大于保定市城镇居民人均可支配收入，同 2013 年相比，与河北省的差距缩小；2016 年，定兴县的城镇居民人均可支配收入为 2.66 万元，同年保定市的城镇居民人均可支配收入为 2.57 万元，定兴县的城镇居民人均可支配收入明显高于保定市的城镇人均可支配收入。

2005 年，全国、河北省、保定市及定兴县农民人均纯收入均不超过 4000 元，其中定兴县的农民人均纯收入高于全国平均水平；2014 年，定兴县农民人均纯收入破万元，农民人均纯收入达到 10527 元；2016 年，全国、河北省、保定市及定兴县农村居民人均纯收入分别为 12363 元、11919 元、11612 元、12934 元，定兴县农村居民人均纯收入高于全国、河北省及保定市的平均水平。2017 年，定兴县城镇居民可支配收入、农村居民人均纯收入分别增长 13.3%、14.6%，分别高于保定市市核目标 4.3 个和 3.6 个百分点[21]。

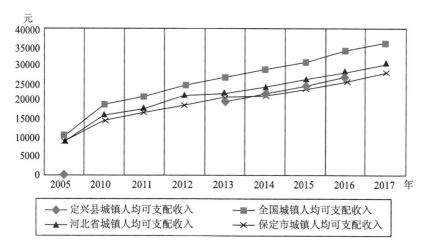

图 2-9　全国、河北省、保定市和定兴县的城镇居民人均可支配收入水平

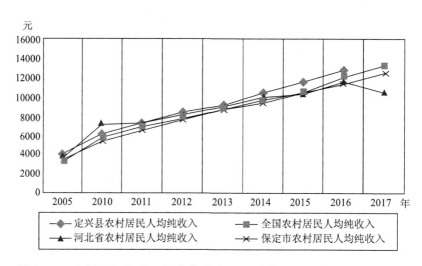

图 2-10　全国、河北省、保定市和定兴县的农村居民人均纯收入水平

二、定兴县智慧城市建设的信息化基础设施建设

定兴县经过多年的建设，在城市信息化基础设施方面有了良

好的积累，高度发达的信息基础设施是"智慧定兴"建设的基石。

图 2-11 为全国、河北省、保定市及定兴县的信息化水平，可以看到全国及河北省的互联网普及程度逐年上升，2017 年分别达到 55.8% 和 56%，而保定市的宽带入户量也达到 238.2 万户，全市信息化普及程度较高；定兴县的宽带入户量也从 2013 年的 4.1 万户增加到 2015 年的 6.2 万户，固定电话用户量及移动电话用户量分别维持在 5 万户、3.5 万户左右。

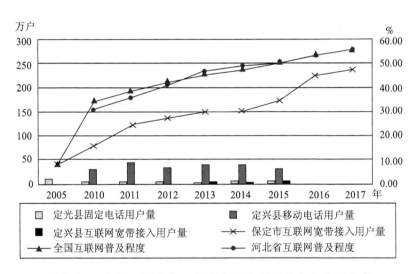

图 2-11　全国、河北省、保定市和定兴县信息化水平比较

（一）信息化基础设施建设效果显著

近年来，定兴县信息化基础设施建设取得了快速发展，"三网融合"得到稳步推进，基本形成了现代化的广播电视、综合信息覆盖网络体系。通过移动 4G 网络建设、城乡光纤网络改造、有线数字电视网络的"整体转换"和"双向改造"等工程建设，提升了网络传输和接入的速率和容量，满足了新业务的发展需求。以射频识别为基础的物联网技术在定兴县工业、环保、电力等领域都有较为成熟的应用。完成了电子政务、基础数据、数字城管、天眼、天网、教育系统等信息化应用体系建设。电子商务在工业、涉农企业、商品交易等领域的应用发展迅速。

（二）移动 4G 基础设施建设及"三网融合"情况

经过近年持续的基站、光纤入户、数字电视工程建设，截至 2015 年 3 月，定兴县 4G 移动基站达到 280 个，固定宽带用户达到 5.6 万户，3G/4G 用户达到 14.7 万户，数字电视用户达到 2 万户，实现了覆盖全县的无线网络、光纤网络、数字广电网络等多种技术手段的现代通信网络。网络规模、技术层次和服务手段都达到了较高的水平，全网综合通信能力显著提高。

（三）物联网技术得到有效应用

物联网发展基础初步形成。目前，定兴县拥有了一定的物联网产业基础和示范应用经验，在工业、环保、电力等领域都有较为成熟的应用。喜之郎公司通过应用智能传感技术加强了企业污水处理能力；县环保局通过空气自动监测系统，可以实时监测 PM10 和 PM2.5 的数据；县污水处理厂通过"COD 在线自动监测系统"和"氨氮在线自动监测系统",可以将污水处理数据实时传输到上级部门;电力公司通过应用智能电网,建立了基于物联网技术的电力远程抄表、自动通知和缴费系统。

(四) 主要信息化系统建设情况

1. 定兴县电子政务网

充分利用先进的通信手段,成功构建了辖区内横向、纵向的信息化政务环境。全县 67 个县直机关和 16 个乡镇全部接入电子政务网。依托电子政务外网开通了定兴县办公自动化系统应用,实现了电子公文网络传递,全县各乡镇、各部门、各单位公文"无纸化"快速传递、处理,降低了办公成本,提高了办公效率。依托定兴县人民政府门户网站,开设了定兴县政府信息公开平台、定兴县工程建设领域项目信息和信用信息公开共享平台、微博定兴等。

2. 信息共享和基础数据库建设情况

截至目前,定兴县已建立公安局人口数据库、质监局法人数据库、统计局国民经济发展数据库、国土局地理信息数据库等。全县 83 个部门和单位,大部分都有自己的业务垂直上报系统,实现了本系统专网同省市数据的共享。

3. 数字城管系统

该系统于 2014 年 6 月启动建设,设有指挥中心、中心机房、

70 个网络高清摄像头，将整个城区划分为 7 个网格进行覆盖，覆盖面积 16 平方千米。利用前端视频采集信息，实时监控大街小巷的城市管理动态情况，实现城市管理的可视化。

4. "天眼"工程

该系统由县政法委牵头，于 2013 年投资 570 余万元建成，在全县 16 个乡镇及城区共设置 688 个视频监控室，安装视频监控探头 3181 个，为侦破各类刑事案件提供了强有力的技术支撑。运行以来，收到了良好的社会成效，一些案件得到及时化解和侦破，全面提升了政府应急管理能力和社会治安综治水平，增强了广大人民群众的安全感和满意度，为建设富裕和谐的现代化城市提供了强大的科技保障。

5. "天网"工程

该系统源于公安部的"金盾工程"，至 2011 年年底建设完毕，截至目前，共完成 150 个视频监控点、8 处治安卡口建设，建成图像信息共享平台 1 个，实现了对重点区域的监控与上级联网。充分运用现代科技手段提高和完善城乡治安防控能力，提升了城市治安防控能力和公共安全水平，为经济社会更好更快发展创造了良好的社会治安环境，为维护社会稳定发挥了重要作用。

6. 教育信息化系统

近年来，定兴县共投资 3952.62 万元用于教育信息化建设，购置学生机 2144 台、教师机 1277 台、多媒体教学设备 627 套，开发了"远程视频互动与研修"系统 1 套以及数字化教学资源，研发了定兴县教育信息管理平台，完成全县教师网络学习空间"人人通"项目建设，建设高清录播教室 5 个。基本完成"三通两平台"建设，一线教师具备网络备课能力，运用信息技术进行教学活动的学科覆盖率达到 100%，中小学网络教研率达到 50% 以上，90% 以上的教师能独立制作课件，初步形成网络教研教学环境。

（五）电子商务应用

目前定兴县涉及电子商务的用户约 200 户。主要包括工业与涉农企业的 B2B 商务模式和商品交易购物平台两种类型。企业通过建立企业网站，依托阿里巴巴、中国制造等第三方网络平台开展国外销售业务。同时，涉农企业、种植养殖大户、农业合作社通过商务部新农村商网购销农产品，购销额逐年增加。随着网络技术的不断发展和运用，定兴县的农产品、食品、汽车零部件产业大力发展，其知名度越来越高，促使更多的自然人入驻全国性第三方网络商品交易平台，所售商品涉及箱包、化妆品、服装、百货、汽车配件等众多领域，上线产品 1000 余种，网店近百家，网络销售呈逐年增长态势。

三、存在的不足

第一，经济运行还存在一些矛盾和问题。主要表现在产品层次较低，新型产业比重偏小，重大项目储备不足导致经济总量增长趋缓，产业结构仍不合理，主导产业规模偏小，传统产业占比较大，高附加值、高技术产业发展滞后等。企业融资难、市场需求不足及环保成本增加导致企业生产经营困难。一些涉及民生的问题仍较突出。环境污染仍较严重，短期治理难见成效。此外，食品安全、社会保障、上学就医等公共服务仍需加强。

第二，智能信息系统发展滞后。目前各部门和单位的信息系统均为独立的系统，数据还不能进行各部门共享，阻碍了信息化的发展。主要表现在：信息网络基础设施，尤其是"三网融合"的基础弱、推进难度大；信息资源共享机制尚未形成，基础数据库开发及应用效果还不够明显；信息产业结构还不够合理，软件与信息服务业还相对较弱，产业竞争力还不强；IT人才特别是高端人才比较紧缺。

第三，智慧城市建设还需要大力宣传和全社会的积极参与。必须下大力气解决自身存在的"短板"，才能保证智慧城市建设扎实有效推进。

第三章 定兴县智慧城市建设的指导思想、原则、目标

一、指导思想

全面贯彻党的十九大和十九届一中、二中、三中全会精神，以邓小平理论、"三个代表"重要思想、科学发展观、习近平新时代中国特色社会主义思想为指导，深入贯彻习近平总书记系列重要讲话精神，坚持"四个全面"战略布局，牢固树立"创新、协调、绿色、开放、共享"的发展理念，把握"协同发展、转型升级、又好又快"的主基调，加快工业化、城镇化双轮驱动，促进产业、文化、生态融合发展，倾力建设京南生态卫星城，打造宜居定兴、实力定兴、魅力定兴、幸福定兴，实现全面建成小康社会的奋斗目标。按照"走集约、智能、绿色、低碳的新型城镇化道路"的总体要求，发挥市场在资源配置中的决定性作用，加强和完善政府引导，统筹物质、信息和智力资源，推动新一代信息技术创新应用，加强城市管理和服务体系智能化建设，积极发展民生服务智慧应用，强化网络安全保障，有效提高城市综合承

载能力和居民幸福感，促进城镇化发展质量和水平全面提升。依据定兴县建设生态卫星城的总体战略定位，着力推进"六大任务"，全面建设绿色生态、魅力宜居新定兴。按照生态城市建设路径、产业发展方向路径、空间优化与区域协作路径，创新体制机制保障。

围绕"一核、两制、六化"的建设思想，以基础数据为核心，建设信息安全保障机制，健全运营管理保障机制，推进公共服务惠民化、社会管理精细化、生活环境宜居化、产业发展现代化、基础设施智能化、决策分析数据化的智慧城市体系建设。积极推进强县策略，牢牢把握"抢抓机遇、加快发展"的主旋律，依靠深化改革和科技进步，加快推进经济结构调整和增长方式转变；加快推进工业化、信息化、城镇化、农业现代化的融合；加快推进市场化、国际化和高新技术产业化；加快推进重大项目建设，实现经济、社会、环境的可持续发展。以制度创新、技术创新为动力，以信息横向整合和共享为重点，以公共平台建设为突破口，抢占技术标准高地，大力推进信息通信基础设施建设、智慧产业发展和智慧城市公共服务，为公众提供便利的生活工作环境，为企业创造更好的发展环境，为政府构建更高效的运行和管理平台，实现经济发展从要素驱动向创新驱动转变、城市管理从粗放管理向智慧管理转变，加快构建"智慧定兴"的基础框架。

二、建设原则

建设"智慧定兴",遵循以下原则。

(一) 统一规划,分步推进

采用先进适用的信息技术,高标准规划和统筹建设各领域的智慧项目,有计划、分层次地协调推进。

(二) 以人为本,务实推进

以突出为民、便民、惠民为重点,推动创新城市管理和公共服务方式,增强城市服务功能,提高市民生活质量,最大限度地分享智慧城市建设成果。

(三) 绿色生态,同步推进

把生态文明理念融入智慧城市建设中,推进绿色发展、循环发展、低碳发展理念,合理利用有限的资源,推动绿色低碳的生产生活方式和智慧城市建设运营模式。

(四) 共建共享,合力推进

加快信息化基础网络和信息交换共享平台的建设,通过政府的引导作用,推动集约化建设,加快信息资源的有效整合与共享交换。

（五）立足产业，应用推进

以"两化融合"为导向，把培育智慧产业作为建设智慧城市的立足点，以智慧应用带动产业发展，以产业发展促进智慧应用。

（六）示范带动，逐步推进

以产业升级、民生需求为突破口先行先试，着力推进智慧产业和重点领域智慧应用建设，以示范和试点带动"智慧定兴"建设整体工作。

（七）安全保障，机制推进

强化网络和信息安全管理，落实责任机制，健全网络和信息安全管理制度和标准体系，加强要害信息系统和信息基础设施安全保障，推进安全保障机制建设。

三、建设目标

（一）总体目标

以习近平新时代中国特色社会主义思想为指导，积极探索"互联网+"的新型城市发展模式，运用先进的现代化技术，以

"打造京南生态卫星城，建设高水平智慧城市，提高城市承载能力，创造便捷、智能、宜居新定兴"为总目标，经过若干年的努力，将定兴建设成为特色鲜明的，公共服务惠民化、社会管理精细化、生活环境宜居化、产业发展现代化、基础设施智能化、决策分析数据化的智慧城市。

（二）阶段目标

用两年的时间完成智慧城市发展整体规划和应用体系具体项目规划，整合现有基础设施和数据资源，达到信息共享，确定试点区域进行应用体系建设，初步形成智慧城市基础应用体系。力争到 2018 年，实现信息系统互联互通、信息资源共享和高效利用，完成以绿色低碳、产业支撑、政府服务、惠民利民为导向的智慧城市应用体系全面建设，形成泛在、融合、稳定、安全的满足超大容量数据和超高速传输的智慧应用体系。到 2020 年，进一步深化智慧城市应用领域和范围，形成公共服务便捷化、城市管理精细化、生活环境宜居化、基础设施智能化、网络安全长效化的智慧城市应用扩展体系，使智慧应用深刻改变人们的学习、工作和生活的方方面面，建设智慧城市取得显著成效。

第四章 定兴县智慧城市总体架构

通过研究分析国家及各部委对智慧城市建设和发展的指导意见，比较借鉴国内外智慧城市建设先行城市的相关经验，结合定兴县未来五年城市发展规划和定位，确定了定兴县智慧城市的业务架构和总体架构。巩固和完善网络基础建设、数据基础建设和共享平台建设，逐步整合应用体系、消除"信息孤岛"，加速公共服务惠民化、社会管理精细化、生活环境宜居化、产业发展现代化建设，力争到"十三五"期末，全面建成以数字化、网络化、智能化为主要特征的"智慧定兴"基本框架。

一、业务架构

以生态、人文、智能建设为切入点，按照为民惠民的主体思想、提升政府服务能力的总体要求，通过对智慧城市相关业务进行分析，在明确用户对象、业务现状和业务需求的基础上，结合智慧城市的建设目标，进行智慧城市总体业务架构设计。以业务架构确定总体架构，从而引导"智慧定兴"的建设。

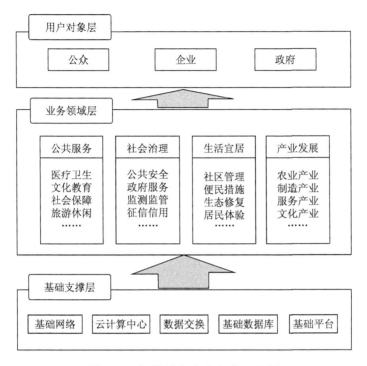

图 4-1　智慧城市业务架构示意图

"智慧定兴"的业务架构包括用户对象层、业务领域层、基础支撑层等三个层面。

①用户对象层：主要包括公众、企业和政府，是智慧城市的最终受益者和体验者。

②业务领域层：按照总体业务架构设计，以为民、惠民为目标，将总体业务划分为公共服务、社会治理、生活宜居、产业发展等业务领域。公共服务领域以惠民、便民服务为业务设计导向，包括医疗卫生、文化教育、社会保障、旅游休闲等业务应用。社会治理领域以城市精细化管理为业务设计导向，包括公共安全、

政府服务、行业监测监管、征信信用等业务应用。生活宜居领域以建设宜居城市为业务设计导向，包括社区管理、便民措施、生态修复、居民体验等业务应用。产业发展领域以提升产业能力为业务设计导向，包括农业产业、制造产业、服务产业、文化产业、养老产业、创业创新基地等业务应用。

③基础支撑层：总体业务架构以支撑平台为基础，主要包括基础网络、云计算中心、数据交换、基础数据库、基础平台。

二、总体框架设计

依据智慧城市业务架构设计，在综合国内外智慧城市先进理念、成功经验及发展趋势的基础上，结合定兴县社会发展实际情况，构建了"智慧定兴"总体架构。定兴县智慧城市总体框架设计以数据为核心，以骨架为支撑，以应用为导向形成一体的智慧城市体系，明确定兴县智慧城市各项建设内容的定位和相互关系，使智慧城市各项建设内容相互衔接形成统一整体。

（一）以数据为核心

分散数据的采集整理、活化利用、贯穿流转是实现"智慧化"的基础，将信息资源从分散的应用系统建设中剥离出来，作为"智慧定兴"建设的核心内容，以公共数据库作为城市数据集散的仓库，以公共信息平台作为城市数据整理、加工、分发的分拣机，形成智慧城市的数据枢纽。

（二）以骨架为支撑

在数据资源层面，以公共数据库和公共信息平台构建智慧城市数据处理中枢，实现数据处理、交换、共享、融合的信息资源交互通道，汇聚公共基础数据、公共业务数据、公共服务数据等信息资源，形成整合的数据服务体系。在业务服务提供层面，通过公共服务、社会治理、生活宜居、产业发展等智慧应用，面向公众、企业提供便捷、高效的社会服务，形成覆盖民生、宜居、经济的智慧城市社会服务体系。在信息传输层面，以互联网、物联网、云计算、数据交换为先导，构建智慧城市高速数据通道，形成智慧城市的骨架。

（三）以应用为导向

结合定兴县实际情况，突出"宜居定兴、实力定兴、魅力定兴、幸福定兴"的发展方向，对智慧城市的应用领域进行梳理、拆分和拓展，形成公共服务惠民化、社会管理精细化、生活环境宜居化、产业发展现代化、基础设施智能化、决策分析数据化的智慧应用体系。各项智慧应用与公共信息平台和公共数据库相连接，实现分散的智慧应用形成统一的智慧城市。

三、总体框架结构

"智慧定兴"的总体框架包括基础设施、信息资源、智慧应用、保障体系等层次结构。"智慧定兴"的总体架构如图4-2所示。

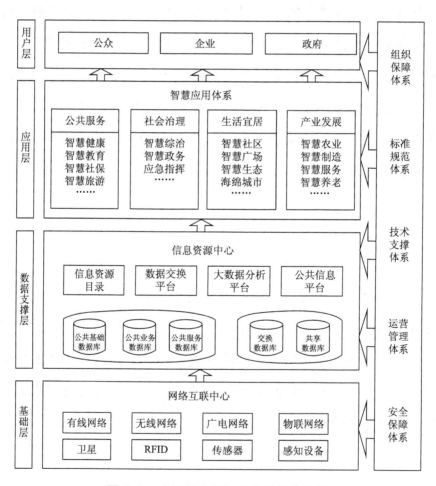

图4-2 "智慧定兴"总体框架结构图

（一）基础层

基础层主要包括物联网基础设施和通信网络设施。物联网基础设施包括 RFID 标签和读写器、摄像头、GPS、传感器等感知设备，主要用于识别物体、感知信息，形成全面覆盖、集约共享的感知网络。通信网络设施包括无线网络、宽带网络、广电网络等，实现信息的传输与接收，构造泛在高速、"三网融合"的通信网络。

（二）数据支撑层

数据支撑层主要包括云计算基础设施和公共数据库的建设。云计算基础设施通过对服务器、存储、网络的虚拟化，构建智慧城市公共信息中心，支撑数据交换共享，实现对公共数据库的管理和控制。公共数据库包括公共基础数据库、公共业务数据库、公共服务数据库、交换数据库、共享数据库，通过数据共享交换平台，实现各部门信息汇聚、资源整合。公共基础数据库主要包括人口基础数据库、法人基础数据库、宏观经济数据库、自然资源与空间地理信息基础数据库、建筑物基础数据库。公共业务数据库根据不同的业务需求，建设相关的专题业务数据库。运用数据处理技术对公共基础数据库、公共业务数据库进行清洗，形成面向社会开放的公共服务数据库。数据共享交换平台对城市的各类公共信息进行统一管理、共享交换，满足城市各类业务和行业发展对公共信息交换和服务的需求，通过数据挖掘、大数据分析，为上层业务应用提供数据支撑，为城市运行管理、领导决策提供科学依据。

（三）应用层

基于公共数据库和公共信息平台提供的数据交换共享、数据整合服务，构建公共服务、社会治理、生活宜居、产业发展等智慧化应用体系。

（四）用户层

用户层是智慧城市的主要服务对象，包括公众、企业和政府。智慧城市向用户提供各种服务信息，并对用户信息和反馈进行交互处理。

（五）保障支撑体系

智慧城市建设是一个综合复杂的系统，其总体架构的每层能力建设都需要广泛而综合的支撑和保障，包括组织保障体系、标准规范体系、技术支撑体系、运营管理体系、安全保障体系。这些体系架构贯穿于整个智慧城市建设的各个方面，确保智慧城市的安全高效运行和健康稳定发展。

四、总体框架的技术设计

（一）总体技术架构

智慧城市总体架构突出"松耦合、模块化、面向对象"的技术特点。针对智慧城市建设，需要将现有不同行业、不同软硬件架构以及不同数据接口标准的系统打通，达到开展数据整合的技术要求。智慧化的应用既要切实解决当前城市发展面临的各种问题，又要能够适应未来需求不断转变的发展要求，智慧城市总体技术架构设计强调积累和沉淀信息资源，通过从现有信息资源库和各领域应用系统广泛采集数据，并基于智慧城市公共信息平台，将若干信息资源进行有效的关联、编排与重组，包装形成逻辑独立、可供直接配置和调用的若干能力，供公共服务、社会管理、生活环境、产业发展、基础设施、决策分析等六大领域的智慧化应用灵活配置，并进一步通过智慧城市运行管理中心，构建综合的智慧交互服务渠道，将智慧化的服务展现给用户。智慧城市总体技术架构如图 4-3 所示。

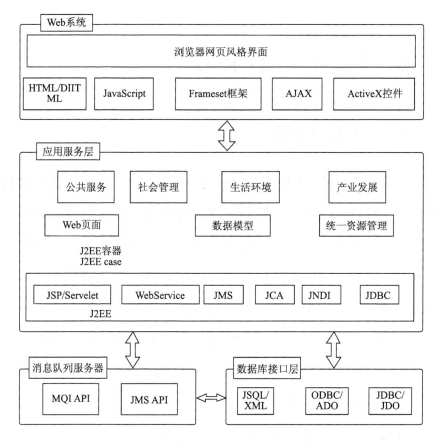

图4-3 智慧城市总体技术架构示意图

智慧城市的总体技术架构分为三层：资源层、平台层、应用层。

1. 资源层

在城市运行过程中会产生大量的数据和信息，这些数据和信息主要来自城市运行的基础数据信息和感知设备的数据信息。城市运行的基础数据信息主要包括政务、生态、文化、旅游、教育、健康、交通、能源、社区等运行的数据信息。感知设备的数据信息主要包括传感器、二维码、RFID、红外探测器、互联网、无线网、物联网等采集和传输的数据信息。运用现代信息和通信技术手段感测、分析、整合城市运行核心系统的各项关键数据信息，通过网络实现人与人的互操作、人与物体的互操作及物体与物体的互操作，达到城市要素中"人—机—物"之间全面的信息联通与共享。这是智慧城市技术架构中的核心资源，统称为资源层。

2. 平台层

城市运行过程中产生的大量数据是孤立的数据，要让这些数据为城市经济发展发挥作用，应对这些数据进行分类、整合、挖掘，以服务于城市经济建设。平台层为城市运行数据的承载、交互、共享、整合和应用等提供服务支撑。平台层主要由云平台、数据资源平台、智能分析平台、统一资源管理平台等组成，运用中间技术有效连接资源层和相关平台服务，通过集成并创新应用现代先进技术，实现敏捷、智能响应的智慧应用。

3. 应用层

基于平台层的服务支撑，将城市运行数据资源进行整合、共享和分析，服务于公共服务、社会管理、生活环境、产业发展、基础设施、决策分析等智慧城市应用体系，为城市经济建设发展提供支撑。

（二）智慧城市设计关键支撑技术

1. 云计算技术

云计算技术是一种基于互联网的新型计算资源利用模式，是分布式计算和网络计算的进一步延伸和发展。它将计算任务分布在大量计算机构成的资源池上，形成虚拟化计算、存储、网络资源，促进了软件之间的资源聚合、信息共享和协同工作。云计算根据虚拟化服务层次的不同可分为三个层次的服务。

（1）基础架构服务（IaaS）

Iaas 层是以服务的模式提供虚拟硬件资源，将基础设施资源（计算、存储、网络带宽等）进行虚拟化和池化管理，以便于实现资源的动态分配、再分配和回收。资源使用者按业务类型的需要分配资源，并对资源进行合理使用和管理。

（2）应用平台服务（PaaS）

PaaS 层主要提供应用的平台服务，用户可以基于平台服务，按照业务需求，快速部署业务应用环境，依托云平台基础架构，将各业务系统功能纳入一个集中服务平台上，有效地复用和编排应用服务构件，构成高效的基础业务系统环境，支撑业务应用。

（3）应用软件服务（SaaS）

SaaS 软件即服务，提供完整、可直接使用的应用程序，典型的运用模式就是用户通过标准的 WEB 浏览器来使用互联网上的软件，按照业务应用选择和整合系统。

云计算应用平台主要包括云主机应用平台（IaaS）、大数据应用平台（PaaS）、智慧城市应用平台（SaaS）。

①云主机应用平台。主要包含监控管理、主机监控平台、计费管理、云资源管理、系统管理和报表管理等模块的规划建设。监控管理：通过监控管理跟踪服务器的运行状态，包括 CPU 使用情况、内存使用情况、硬盘使用情况、网络使用情况等。主机监控平台：综合监控各个计算机节点的详细信息和运行情况，以及报警机制。计费管理：云平台按照业务规则设定各项服务标准，资源使用者根据业务需要选择使用合理的资源，管理账户及交易记录。云资源管理：为资源使用者提供对的云资源管理，资源使用者可以对资源申请、虚拟机创建、资源定制、访问控制等进行即时管理和控制。系统管理：为资源使用者提供系统的常用功能设置，如用户信息的维护、角色信息的维护以及系统权限的设置等。报表管理：为资源使用者提供账单、资源信息等报表管理。

②大数据应用平台。大数据处理技术正在改变计算机的运行模式，利用云计算平台将计算任务分布在由大量计算机构成的资源池上，可以获取巨量计算和存储的能力。云计算平台分布式架构能够很好地支持大数据存储和处理需求，降低运行成本，更加经济和实用。面对海量数据处理模式，先进的分布式存储技术为数据处理提供了超强的，高度可扩展、安全和可容错的环境平台。

大数据应用平台软件可整合多种数据源，构建标准化的数据资源、交互和管理环境，为数据传递、共享、应用提供技术支撑。根据业务需要，创建云数据库实例，动态增减数据存储资源，支持传统关系型数据库和非关系型数据库的数据交换和处理，为构建数据分析模型、实现数据可视化提供解决方案。

③智慧城市应用平台。智慧城市是一个庞大的系统，业务应用领域众多，接口复杂，在运行过程中会产生海量的数据和交互关系，各种数据的迭代整合和综合利用是智慧城市建设需突破的难点问题。智慧城市应用平台是城市运行管理的"大脑"与"中枢"，负责整个城市的数据资源、数据交换、智能分析、城市运行等城市综合性管理。

智慧城市应用平台应能对城市运行数据和状态进行实时监控和管理。如城市运行综合监测，及时全面掌握城市整体运行态势；城市运行协同处置，实现城市事件的快速响应与协同联动；城市发展统筹规划，以基于数据的分析挖掘实现城市运行仿真和智能高效决策等监管和控制。智慧城市应用平台还能为智慧城市各领域应用提供技术支撑。

2. 大数据技术

大数据（Big Data），指无法在可承受的时间范围内用常规软件工具进行捕捉、管理和处理的数据集合。由于近年来互联网、云计算、移动网络和物联网等迅速发展，许许多多的移动设备、传感器无时无刻不在产生数据，数据每天都在以一个可观的量增长，某个行业的这些数据汇聚到一起则会形成庞大的数据群，这些数据就被称为"大数据"。

大数据具有海量化、多样性、高速度、精确性、关联性等特征。

①海量化（Volume），指收集和分析的数据量非常大，从 TB 级别跃升到 ZB 级别。随着大数据时代的到来，以 TB、PB、EB 为数据计量单位的时代已经成为过去，全球将进入数据存储与处理的"ZB"时代。

②多样化（Variety），指大数据的类型多样化。大数据来自多种数据源，主要类型包含结构化数据、半结构化数据和非结构化数据等。

③高速度（Velocity），即数据流的快速处理。随着大数据的涌现，用于密集型数据处理的架构应运而生。如以可靠、高效、可伸缩的方式分布式处理大数据的软件框架 Hadoop，大大提高了数据处理能力，加快了数据处理的速度。

④精确性（Veracity），即数据的准确性。包括数据的可信性、真伪性、来源及信誉、有效性和可审计性。从数据源来看，绝大多数大数据都是个体思想和行为意识的外在反映，其准确性要高于传统的数据来源渠道和收集方式。从数据量来看，大数据面对的是某一现象的全部数据，而非传统的随机抽样数据，"样本＝总体"的全数据模式将使判断和预测的准确性达到抽样数据无法达到的高度。从数据处理过程来看，通过一系列技术手段对海量数

据进行去冗、降噪和过滤处理，并进行数据整理、挖掘和分析，最终会得出更加准确、可靠的结论。

⑤关联性（Viscosity），即数据流间的关联性。关联数据的价值远大于孤立的数据，大数据看重的是数据之间彼此关联的关系。借助机器的超强计算能力和复杂的数学模型，对看似杂乱的大数据进行专业性测试和分析，自动搜寻和建立关联关系，可以得出有价值的结论。

有效利用智慧城市运行过程中所产生的数据，对新型城市建设和可持续发展具有重要的价值和意义。一是大数据的决策价值。数据信息时代的到来，使人们能够将一切内容以量化的方式转化为数据。人们通过数据和网络的结合，获取实时交换的数据，通过对大量的数据进行分析，获得有真实价值的数据，为城市发展决策提供数据支撑。二是大数据的市场价值。大数据的作用不仅仅是数据的采集，更重要的是通过数据处理获得市场价值。现今，大数据作为一种资产被人们所运用，优秀的数据的信息，不仅能够帮助业务部门制定决策，还能够通过数据分析，提升数据应用价值，提高城市竞争力和优势。三是大数据的预测价值。在数据信息时代，大量数据信息的获取是由传感器和自动设备来完成的，从而可以形成一个即时数据系统对数据信息进行全面分析，发现数据间的规律和关联关系，预测数据发展趋势，及时调整策略，为城市规划和健康发展提供理论数据支撑。

智慧城市建设推动着大数据技术不断发展，大数据的使用已经成为一个国家各领域提高生产力、创新能力和竞争力的关键要素，大数据技术正在改变人们的生产和生活方式。推进大数据技术在智慧城市中的应用，对促进民生、产业、环保、公共安全、城市服务等领域综合发展和提升城市竞争力有着重要的作用。

3. 物联网技术

物联网是新一代信息技术的高度集成和综合运用。它是在互联网基础上延伸和扩展的网络，是物与物之间信息交换和通信的互联网。物联网利用感知技术和智能装置对物理世界进行感知识别，通过互联网、移动通信网等网络的传输互联，进行计算、处理和知识挖掘，实现物与物信息的交换和连接，提升人对物理世界实时控制、精确管理和资源优化配置能力，从而实现生产生活的科学智能决策。

物联网技术的应用有效推动了现代城市的智能化、网络化和信息化发展，构建了新型智能型城市的发展模式。智能型城市具有如下基本特征。

①全面系统的感知。更加全面和系统的感知是智慧城市发展的基本特征，能够对现代社会中人和物之间的需求进行相互感知，随时获取需要的各种信息及数据，对收集到的各种信息进行及时、有效的处理，服务于现代城市建设的跟踪、追溯、监测、治理等相关应用领域，实现城市动态实时感知的智慧化。

②可靠的信息传递。城市全面的感知信息的可靠传递是智慧

城市发展的基础。利用现代物联网技术，将感知设备的数据信息及时进行采集、处理和控制，并且准确传递给城市的相关应用领域，满足城市发展应用的需要。

③高度的智能管理。深化现代城市建设的信息管控水平，对收集的各类感知设备信息和数据进行快速、准确、有效的处理，并对处理结果进行实时监控，推动城市建设的智能化发展。

智慧城市物联网建设将条码识读器、RFID 读写器、传感器、摄像头等感知设备产生的信息数据，通过网关、互联网等传输体系输送到信息中心进行处理和整合，服务于智慧交通、健康医疗、环境监测、公共安全、城市管理等智慧城市应用领域，构筑现代城市智能化体系。

第五章　定兴县智慧城市建设任务

一、建立健全国土空间开发"多规合一"制度

定兴县成立高规格规划管理委员会办公室，负责建立各类规划部门联席审查机制，出台健全空间规划体系的指导意见，编制各类规划设计导则，梳理规划"权力清单"，协调各部门规划编制、规划审查及实施管理中出现的矛盾。

在县域资源环境承载力分析评价的基础上，推进建立以主体功能区规划为基础，以县域经济社会发展规划、城乡规划、土地利用规划、生态环境规划和产业规划等各类规划融合为支撑，定位清晰、功能互补的国土空间开发规划体系。

创新建立国土空间发展战略规划信息化平台，制定多规融合数据调查、采集录入、汇交、共享规范，建设多规融合规划信息数据库，实现区域、城乡、部门之间的信息资源共享。

二、建立完善开放共享的公共数据资源

提高信息资源运用能力，增强政府服务有效性，高效采集、整合、充分运用政府数据和社会数据，健全政府运用数据的工作机制，创新资源共享。建立跨部门信息资源整合和共享应用，推进人口基础数据、法人基础数据、宏观经济数据、自然资源与空间地理信息数据、建筑物基础数据等基础数据库的建设。运用大数据对重点领域的数据进行高效采集、有效整合，推进政府数据和社会数据的关联分析、融合利用，提高宏观调控、市场监管、社会治理和公共服务的精准性和有效性。逐步实现公共数据共享，推动政府治理、公共服务、产业发展、技术研发等领域的大数据创新应用。实现基础信息资源、业务信息资源和服务信息资源的集约化采集、网络化汇聚和统一化管理，形成内容丰富、结构合理、数据准确翔实的智慧城市信息资源池，全面发挥信息资源开发利用在智慧城市建设中的作用。信息数据资源整合示意图见图5-1。

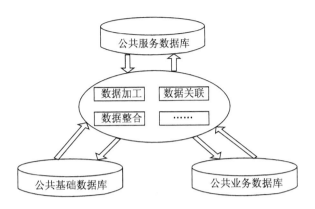

图 5-1 信息数据资源整合示意图

（一）公共基础数据库建设

不断完善城市公共基础数据库，构建统一的公共基础数据，不断完善人口基础数据库、法人基础数据库、宏观经济数据库、自然资源与空间地理信息基础数据库、建筑物基础数据库。构建智慧城市的基础数据框架，以承载各部门业务系统的应用。公共基础数据库结构如图 5-2 所示。

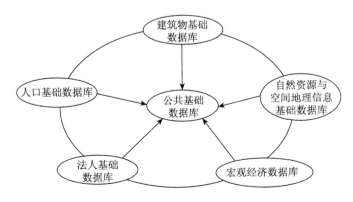

图 5-2 公共基础信息数据库示意图

1. 人口基础数据库

以现有公安人口基础信息为基础，逐步整合人口、计生、社保、教育、民政、卫生、税务、统计等政府部门中与人相关的基础信息，开展数据交叉验证和查缺补漏，提升数据的一致性、准确性和覆盖率，构建全县统一的人口基础数据库，实现政府各部门共享和人口基础数据动态应用，并为社会企事业单位和公民提供人口基础信息服务。

2. 法人基础数据库

建设和完善以法人组织机构代码或社会信用代码为标识的机关法人、事业法人、企业法人、社团法人及其他依法成立的各类机构单位基础数据库。实现质检、税务、工商等相关业务部门法人单位信息资源的数据整合与实时共享。

3. 宏观经济数据库

以统计信息为基础，逐步完善和整合统计、金融、税务等部门的相关数据信息，建立集综合性和专业性数据于一体的宏观经济数据库。依据业务需要实现宏观经济信息的共享，为经济运行动态监测、产业安全预测预警等分析决策提供信息支持，确保金融、税务、统计等宏观经济基础数据真实准确、完整及时，提高宏观调控的科学性、预见性和有效性。

4. 自然资源与空间地理信息基础数据库

以国土部门测绘数据作为地理信息数据的统一归口，构建全县统一的公共地理信息数据库，整合规划、城建、市政等部门掌握的城市建筑物、地下管线、市政设施等城市部件数据，并加大普查和信息更新力度，针对重点领域开展三维建模，建设包含地理坐标的城市部件数据库，形成地上地下一体的自然资源与空间地理信息基础数据库。

5. 建筑物基础数据库

以住建部门的建筑物档案信息数据为基准，构建全县建筑物基础数据库。包括描述建筑物立项规划、施工交付、使用拆除等全生命周期的各环节阶段数据；具体涉及建筑物编码、建筑名称、详细地址、建造年代、建筑状态、使用年限、主要用途、结构类型、建筑层数、地下层数、建筑高度等详细数据。以建筑物为载体，实现规划、建设、房管、消防等行业资源共享、业务协同。

（二）公共业务数据库建设

加快建设城市公共业务数据库，采集和沉淀各领域、各行业的业务数据，构建跨领域、跨行业的公共业务数据库。基于人口基础数据、法人基础数据、宏观经济数据、自然资源与空间地理信息基础数据、建筑物基础数据等城市公共基础数据进行业务性扩展，根据跨领域、跨行业业务流程贯穿及整合的需求，面向智慧城市应用，梳理全县数据交换共享的需求目录，按照目录采集、梳理、整合公共服务、社会管理、生活环境、产业发展等领域的业务数据，形成分领域的业务数据资源池，实现交换共享。数据先在资源池集中，需求单位按照权限获取，避免点对点交换共享的烦琐复杂，提高数据交换共享的效率，支撑业务数据的实时交换共享，支撑跨领域、跨行业的一站式服务贯通。

（三）公共服务数据库建设

加快建设城市公共服务数据库，形成若干专题应用数据库并不断发展完善，向各领域、行业提供整合打包的专题数据服务，构建面向社会公众的城市公共服务数据库。对公共基础数据、公共业务数据进行清洗，形成可向社会开放的公共服务数据库，鼓励企业基于开放数据开展信息服务创新，举全社会之力共建"智慧定兴"；着眼于大数据分析需求，梳理整合数据，支撑智慧城市运行管理中心实现对城市经济社会运行状况的动态监控、预测决策、智慧调度；面向各领域业务创新的需求，对海量、多源、异构的城市数据实现层次化、集成化、网络化、标准化、可视化统一管理，并将数据打包成标准化的服务，供各领域智慧应用直接调用，减低应用创新成本。积极支持企业及第三方机构对开放的政府数据进行价值开发，为公众提供专业化、个性化的服务，不断提高经济社会效益。

三、公共服务惠民化应用体系建设

（一）创建"互联网+政务服务"管理新模式

创新改进政府工作，提高行政审批服务效率，提供便捷便利服务。在现有网上审批和电子监察系统的基础上，完善和提升系统功能，构建"网上行政服务中心"，推进简政放权，提供便捷便利服务，创新政府服务方式，优化直接面向企业和群众的服务项目的办事流程和服务标准。

加强部门间业务协同，推进"互联网+政务服务"，促进部门间信息共享，推动部门间政务服务相互衔接。逐步实现所有行政服务事项网上集中管理和"一站式"办理，规范行政权力、提高行政效能、优化发展环境。建立联合审批系统，推行行政审批事项网上统一受理，实现"一门受理、抄报相关、信息共享、同步审查"的一站式办理服务。实现行政审批事项电子文件在线实时归档和综合利用。

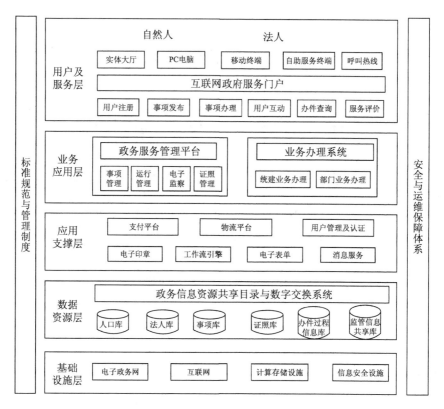

图 5-3 互联网政务服务体系总体结构

（二）创建"互联网+健康医疗"服务新模式

发挥政府作用，以保障全体人民健康为出发点，大力推进健康医疗信息系统和公共健康医疗数据互联融合，促进健康医疗数据开放共享，创新应用发展环境，探索"互联网+健康医疗"服务新模式。构建系统整合、信息共享的医疗卫生信息服务平台，推进"互联网+健康医疗"益民服务，建设区域人口健康信息平台，推行电子健康档案。推进健康医疗大数据应用，实现跨部门的医疗、医药、医保和健康各相关领域数据融合，建设区域临床医学健康数据。逐步完善公共卫生、医疗服务、医疗保障、新型农村合作医疗、基本药物、综合卫生管理等业务信息系统建设。

建设和完善卫生信息资源数据库（健康档案、电子病历、卫生机构和人员、药品及医疗器械、新农合、疾病控制、妇幼保健、养老信息等数据库），满足医疗卫生服务机构间业务协同和卫生管理服务决策的需要，逐步实现跨区域的业务协同和信息共享，不断提高综合卫生管理水平。为公共卫生管理、医院医疗提供共享服务，逐步实现健康档案与临床信息的一体化。构建模块化智慧健康系统，如图5-4所示。

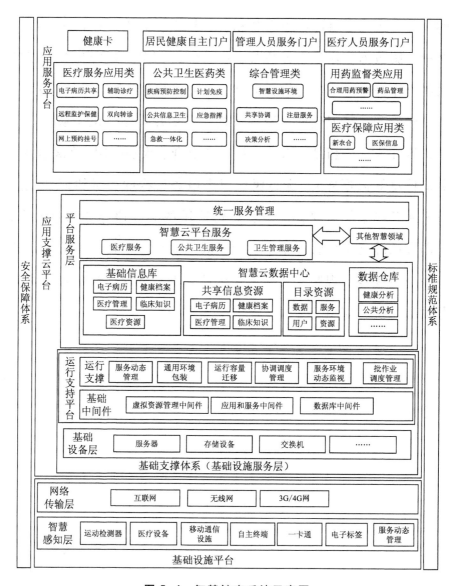

图 5-4　智慧健康系统示意图

资料来源：郭源生等（2014）[22]。

（三）　建设社会保障和就业服务系统工程

把促进充分就业作为定兴县经济社会发展的优先目标，提高劳动参与率，稳定并扩大城镇就业规模，完善就业创业服务体系，推行终身职业技能培训，提高公共就业创业服务信息化水平，推进各类就业信息共享开放。建立公共就业信息服务平台，加快推进就业信息互联，形成人力资源和社会保障服务一体化的公共服务体系，完善就业、失业技能培训、创业数据信息，提高公共就业创业服务信息化水平，为促进就业、稳定并扩大城镇就业规模提供数据支撑。

实施"全民参保"计划，基本实现法定人员全覆盖。推进社会保障信息化平台建设，以推进社会保障卡发行和应用为契机，统一规划民生保障卡，建立共享机制，实现劳动就业、社会保险、民政、卫生、公积金、住房保障等领域信息系统的互联互通和信息共享，实现一卡多用。推进民生保障卡异地联网应用，实现异地养老、医疗就诊、公积金异地缴存和使用、社会保险关系异地转移、住房保障、小额支付等业务跨域一卡通。建立更加便捷的社会保险转移接续机制。

（四）　推进教育现代化工程建设

建立城乡统一的义务教育保障机制，加大公共教育投入，科学推进教育公办学校标准化建设，改善办学条件，优化教育布局。围绕促进教育公平、提高教育质量和满足市民终身学习需求的目标。

建设完善教育信息化基础设施，继续完善"三通两平台"建设，利用信息化手段扩大优质教育资源覆盖面，逐步整合各类教育信息平台，构建现代化教育基础平台。

推动现代信息技术与教育教学深度融合，推进优质教育资源共享与服务。大力开发优质教育资源和网络学习课程，整合各类数字教育资源，建立全县教育资源库，搭建教育资源公共服务平台（见图5-5）。

推进远程教育、在线教育，促进教育公平和均衡发展。构建惠及全民的终身学习通道，到2020年实现教育现代化的目标。

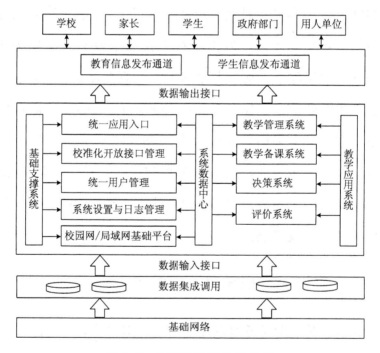

图5-5　智慧教育系统示意图

资料来源：郭源生等（2014）[22]。

（五）构建现代公共文化服务体系

完善公共文化设施，推进基本公共文化服务均等化，加快公共数字文化建设。推进以数字图书馆、数字档案馆、数字民间文艺馆、数字美术馆、数字文物、非物质文化遗产等档案数据库为重点的文化信息资源共享工程，以先进技术为支撑，以内容建设为根本，整合网络、音视频、传统文化、图书、报刊等资源，推进文化业态创新，促进文化与科技、信息、平台的深度融合，建设"内容+平台+终端"的现代公共文化服务体系。充分利用现有基础设施，逐步建设完善社区阅读中心、数字农家书屋、公共数字阅读终端等设施，不断满足人民群众日益增长的精神文化需求。加强传统文化资源挖掘，推动地方特色文化发展，保存城市文化记忆，促进传统文化与现代文化交融，形成多元开放的现代城市文化。

（六）建设生态旅游环境新业态

加快新型旅游环境建设，充分运用现代信息技术和互联网技术，建设旅游服务系统和旅游管理信息平台。依托森林公园、卧龙岗遗址、定兴县清真寺、慈云阁广明大师塔、昌利永夜旅游示范园等旅游资源，推进生态旅游、文化旅游、休闲旅游的发展。充分利用旅游资源，推动旅游与生活服务业的融合发展，开发特色旅游产品，提高旅游便利化程度。

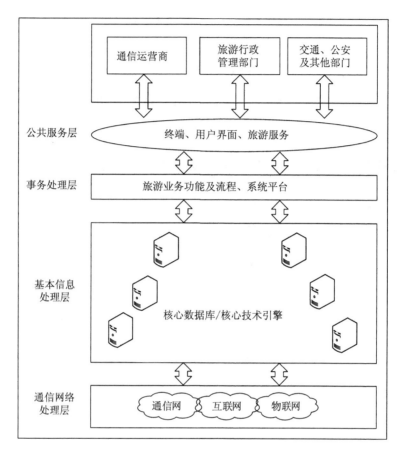

图5-6 智慧生态旅游系统示意图

四、社会管理精细化应用体系建设

（一）建立健全"信用定兴"诚信社会体系

推进社会信用体系建设，增强市民诚信意识，促进经济社会持续发展。加强信用信息公开和共享，构建跨部门、跨领域的守信联合激励和失信联合惩戒机制，促进市场主体依法诚信经营，维护市场正常秩序，营造诚信的社会环境。

推进政务诚信、商务诚信、社会诚信和司法公信建设，构建基于云计算、大数据的信用信息数据管理、信用信息综合管理平台，整合和共享政府信用数据、社会组织信用数据、企业信用数据、个人信用数据，充分利用信用信息数据为政府服务、社会公众服务提供信用信息支撑。

推进社会信用服务市场培育和应用建设。大力培育和发展各类信用服务机构，逐步建立信用信息基础服务和增值服务的信用信息服务组织体系，形成具备市场公信力的服务产品体系。推动政府和有关部门在行政管理中率先使用信用信息、信用产品和相关服务。同时，积极鼓励其他市场主体扩大信用需求，开展信用产品交易，扩大信用经济规模。

加强诚信文化宣传建设。充分利用媒体的传播效应，普及诚信教育、弘扬诚信文化、树立诚信典型、开展诚信主题活动、开展重点行业诚信问题专项治理活动、培养信用专业人才、加强信用管理职业培训和专业考评等（《定兴县社会征信系统方案》，2016）。

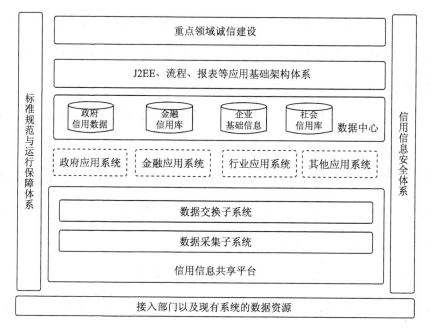

图 5-7 "信用定兴"社会信用系统示意图

资料来源：《定兴县社会征信系统方案》（2016）[23]。

（二）城市应急指挥系统工程建设

整合各类视频图像信息资源，推进公共安全视频联网应用。完善社会化、网络化、网格化的城乡公共安全保障体系，构建反应及时、恢复迅速、支援有力的应急保障体系。构建安全生产、防灾减灾、社会治安、突发事件等公共安全应急指挥系统平台。逐步完善交通应急指挥、环境事故应急处理、安全生产应急处理、重大事故隐患及重大危险源监控、突发卫生公共事件应急指挥、防汛指挥、气象灾害预警和应急、食品药品应急、森林灾害监控和应急、粮食安全应急、口岸疫病疫情应急、民政救灾等信息系统建设。建立危险化学品、民爆器材的生产、储运、经营、使用等环节的实时监控和全生命周期监管体系。

推进平安城市信息化建设。以平安城市报警与监控系统为基础，建设视频监控通用服务平台，实现交通、水利设施、农产品、公共场所、特殊区域等视频资源共享，构建指挥调度、接出警、监控、信息管理、地理信息等系统有效融合，覆盖公安、城管、交通、消防、安全生产、公共卫生、环境保护、能源资源、食品、水利和通信等多个部门的安全联合工作平台，形成统一的公共安全防控体系，确保城市生活的安全和谐。

加快政府应急指挥信息平台建设。依托统一电子政务网络和部门业务系统，充分利用现有基础，整合各部门应急指挥资源。通过应急指挥信息的互联互通和共享，实现预警信息规范发布、统一指挥、联合行动，对突发事件和应急事件作出快速联动反应，为广大群众提供相应的紧急救援服务，为社会公共安全提供强有力的保障。

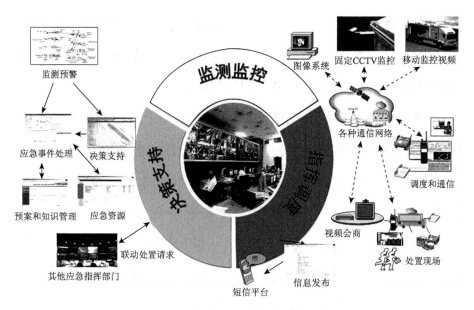

监测预警

监测监控

图像系统　固定CCTV监控　移动监控视频

应急事件处理　决策支持

各种通信网络

决策支持

调度和通信

预案和知识管理　应急资源

视频会商

联动处置请求

处置现场

其他应急指挥部门

短信平台　信息发布

图 5-8　城市应急系统示意图

（三）经济运行监测系统工程建设

加强经济监测预测预警机制建设，构建宏观经济运行调控体系。结合"企业一套表"统计制度改革，加快企业统计数据直报系统和统一的统计业务处理平台建设，推进统计业务处理的网络化、电子化。运用互联网、云计算、大数据等技术，构建统计数据中心，整合统计数据资源，建立健全面向统计业务、宏观决策和公共服务的统计数据库体系，为政府部门和社会公众提供"一站式"统计信息服务。

进一步加强工业经济运行、重要生产资料市场、农产品市场监测预警、商品流通市场运行监测与调控、粮食储备与流通、价格监测、能源综合管理、交通运输等重点领域的经济运行信息系统建设，建立与重要市场、重点企业、交易系统、运营系统的实时数据接口，实现对经济运行中煤、电、油、气、热、水资源、粮油、农产品、宏观经济等信息的源头控制和实时采集，以及对经济运行数据的及时、快速和准确监测。

按照"一数一源、共享多用"的原则，建立全县经济运行信息目录，推进经济运行数据的信息共享，开发经济运行决策和预测预警信息系统，提高经济运行信息的及时性、全面性和准确性。通过有关表格和图形，为政府宏观经济决策提供便捷、直观的数据支持。

（四）综合治税系统工程建设

按照依法治税的要求，全面落实税收法定原则，构建征管高效的纳税服务平台，完善税收征管方式，提高税收征管效能。

推进网上税务局建设，实现网上开票、网上申报缴税、网上认证、网上抄报税等在线办税业务，逐步实现税务机关从"以票控税"向"信息管税"的转变。依托全省统一的电子政务网络和信息交换与共享平台，集约建设综合治税信息共享系统，实现税务、财政、工商、质监、海关、金融、发改、统计、商务、国资、农业、教育、科技、文化、卫生、人社、住建、工信、国土、交通、民政、政法等部门信息资源的自动汇总、交换、分析比对，推进相关部门的信息共享与业务协同，有效地实现对税源的全方位控管，促进财税增收。

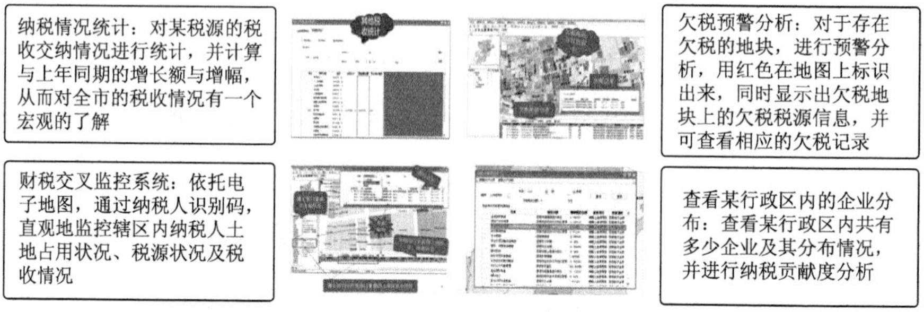

纳税情况统计：对某税源的税收交纳情况进行统计，并计算与上年同期的增长额与增幅，从而对全市的税收情况有一个宏观的了解

欠税预警分析：对于存在欠税的地块，进行预警分析，用红色在地图上标识出来，同时显示出欠税地块上的欠税税源信息，并可查看相应的欠税记录

财税交叉监控系统：依托电子地图，通过纳税人识别码，直观地监控辖区内纳税人土地占用状况、税源状况及税收情况

查看某行政区内的企业分布：查看某行政区内共有多少企业及其分布情况，并进行纳税贡献度分析

图 5-9　综合治税系统示意图

（五）农畜产品追溯系统工程建设

加强农产品质量安全和农业投入品监管，强化产地安全管理。构建全程可追溯、互联共享的农产品质量安全信息平台，推进农产品生产档案数字化管理，统一编码，建立源头数据库，推行农产品数字标识，有效监测产品运行轨迹，逐步实现农产品全程监管。

有效控制农药和兽药残留超标，严格控制食用农产品添加剂标准，健全"从农田到餐桌"的农产品质量安全全过程监管体系。

加快动物标识及疫病可追溯信息系统建设，建立奶站网络监控系统，推行牲畜二维码标识，实现动物养殖、运输、屠宰、流通等环节监控和疫病可追溯。

（六）食品药品安全监管信息系统工程建设

建立食品药品安全监管体系，加大食品药品安全治理能力，构建食品药品监控平台，实施网格化监管，实行食品药品全产业链可追溯管理。建立和完善食品、基本药物、医疗器械、药品企业、医疗机构、餐饮业、食品医药从业人员等数据库，建立餐饮药品企业非现场监控系统，实现对全县基本药物生产企业和餐饮企业关键岗位的实时监控，实现药品生产质量和餐饮服务安全的可追溯。

建设食品药品流通实时监控系统和基本药物质量管理系统，实现对食品药品从购进、库存到销售、使用的全程追溯和实时监控。完善食品药品诚信管理系统，并实现与全国企业和个人征信系统的对接和信息共享，开展对食品药品企业和从业人员的信用评价，完善奖惩制度，逐步建立起食品药品行业失信惩戒、守信激励的信用评价机制。

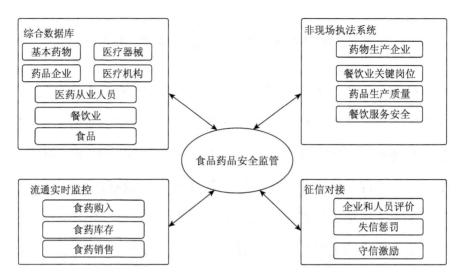

图 5-10　食品药品安全监管系统示意图

（七）国有资源监测与管理信息系统工程建设

有度有序利用自然，调整空间结构，合理控制国土空间开发强度，增加生态空间。推进国土资源"一张图"工程建设，完善土地、矿产和环境等资源数据库，建设和完善国土资源综合监管平台，以"一张图"为基础，实时在线获取管理各个环节的信息，强化综合分析，实现对土地"批、供、用、补、查"和矿产审批、勘查、开采等的实时全程动态监测与监管。

建立国土资源卫星遥感动态监测体系，加强耕地监管，实现对土地资源利用的直接监测，开展土地卫星执法监察。

建设森林资源基础数据库和林业产业数据库，培育森林生态系统，以自然资源与空间地理信息基础数据库为基础，加载和完善林业资源空间分布数据，实现对森林资源和重点林产品的监测分析，以营造林业为重点，建设森林资源管理信息系统，完善林权、林地等林政管理系统，掌握森林资源消长动态。

建设和完善水资源实时监控与管理系统，以水源、取水、输水、供水、用水、耗水和排水等水资源开发利用主要环节的监测为重点，广泛采用物联网技术，动态掌握主要水资源及其开发利用总体状况，加强重点单位用水监管，开展节水综合改造，推广节水技术和产品，加快非常规水资源利用，实施雨水资源利用、再生水利用工程，实现全县水资源的优化配置和科学开发利用。

编制全县自然资源资产负载表，健全自然资源统计调查制度，摸清土地资源、林木资源和水资源等自然资源资产的分布及其变动情况。为推进生态文明建设、有效保护和永续利用自然资源提供基础、监测预警和决策支持。

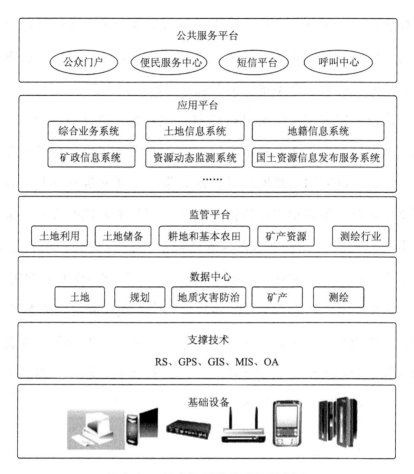

图 5-11　国有资源监管系统示意图

（八）协同监管系统工程建设

创新监管机制和监管方式，转变监管理念，加强事中事后监管，运用大数据等先进技术，构建现代化监管平台，逐步实现市场、信用、法治等手段协同监管。以法人基础数据库为基础，建设完善市场主体数据库。以网络经济市场监管、国有企业监管、特种设备监管、打假治假监管、文化市场监管、出版物市场监管、扫黄打非、网吧市场监管、食品药品监管、建筑市场监管、工程建设领域突出问题治理等重要监管业务为主题，推进跨部门的监管信息共享，提高政府部门的监管水平；推进公安、人口计生、民政、教育、社保等部门基于人的信息共享，促进全员人口统筹管理、流动人口监管等信息系统的建设，提高社会管理能力；推进证照信息共享，创新建立证照信息共享服务机制，实现证照信息的科学管理、有效共享和高效应用。

（九）环境保护监管系统工程建设

完善重点污染源自动监控系统，在现有国控、省控重点污染源自动监控系统建设的基础上，建设重点行业和重点区域污染源在线视频监控和工况监控，建设污染防治管理系统，对饮用水水源地环境状况、重点流域水污染状况、城市区域空气质量等进行动态监控。

充分运用环保大数据，构建环境基础数据库，为污染调查和综合防治提供精准的数据。建设环境监控综合平台，集成污染源在线设备、视频监控设备、大气质量监控自动站、地表水质监控自动站等监控系统，整合土壤、噪声、生态环境质量数据，各项环境业务数据和应急相关资源数据，建立有机统一的环境监控与应急指挥综合应用平台，提高环境违法案件处理效率，增强突发环境事件的应急处置能力。

完善建筑能耗监测平台，在国家机关办公建筑和大型公共建筑安装用电分项计量装置，实现建筑能耗动态监测。

污染源自动监控管理系统：旨在通过对重点污染排放状态的自动监控，及时、准确、全面地反映环境质量现状及发展趋势	**应急指挥管理系统**：加强各类基础信息的收集整理、监测和保护，应急资源的储备和管理，应急预案的完善和演练，应急能力的建设和演练，应急信息系统的维护和完善
环境质量监控管理系统：实现了对监测全过程和数据的信息化管理，并具有远程实时数据采集、存储、报警、分析、查询等功能	**视频监控子系统**：通过图像监控的方式，对污染源的主要出入口和重要区域进行实时、远程视频监控
危险废物监控系统：通过在固废经营处置企业、污水处理厂和重点产废企业等安装视频监控，系统对废物产生、运输、处置、利用、二次转移等全过程进行电子跟踪管理	**环境监察管理系统**：借助信息化的手段，对各类可能破坏环境的主体及其行为等进行监督、监察和整治等。主要考虑移动执法及"12369"信访举报系统建设
污水厂监控系统：包括对厂区内部整个污水处理工艺流程的监测和控制，实现报警、管理、查询等	**机动车尾气管理系统**：建立一套完整的机动车排放数据库管理信息系统，完成管理、控制、数据采集、分析决策等工作

图 5-12　环境保护监管系统示意图

（十）数字信访和政府网络问政工程建设

完善群众诉求表达和信访受理的网络平台，推进阳光信访、政府办事网上公开。推进网上信访、民意诉求、社会矛盾预警系统等信息系统建设，完善政府门户网站互动功能，设立和完善政务论坛、县长信箱、网上留言等互动栏目，推广县长热线电话，搭建集网络、电话、短信、邮件等多种渠道于一体的信访和便民服务处理平台，推进信访职能部门间的互联互通和信息共享，建立信访案件交办、考核、投诉等处理机制，为群众信访和便民服务提供高效便捷的渠道，保障群众权利得到公平对待、有效维护。探索设立网络新闻发言人制度，在各级各部门设立办理机构，及时回应网民留言，积极主动地与网民实现互动交流，促进网络问政的常态化。

大力推进各级政府部门网站建设，有效运用"互联网+政务服务"的手段，把握下一代移动通信、"三网融合"等信息技术发展形势，适时开通政府网站手机版，综合运用互联网、手机、电视等多种方式，不断丰富电子政务公共服务提供手段。改善、整合、连接政府各部门公众服务资源，通过政府网站实现跨地区、跨部门的"一站式"服务，使政府门户网站真正成为政府信息公开和服务民众的第一窗口。推广"互联网+政府服务"，全面推进政务公开。

五、生活环境宜居化应用体系建设

（一）创建"四化"新型社区服务管理模式

"四化"包括网格化管理、精细化管理、信息化管理、规范化管理。

1. 网格化管理

以"一刻钟社区服务圈"为目标，根据县城社区和农村社区不同的人口、面积，建立不同尺度的社区格网，分别配备1~2名社区格网管理员，负责社区格网内的综合事务。实施格网单元社区标准化卫生室、文化活动室、便民连锁超市、养老医疗社会保障全覆盖工程。

2. 精细化管理

各社区建立人口计生、社会福利、劳动保障、综合事务等相关职能"一厅式"办公和"一站式"窗口服务中心，建立公安、工商、城管社区综合执法工作站，为社区提供"零距离""直通车"便民服务。

3. 信息化管理

实施城建、城管、文教、公安、计生、环卫、民政、人力资源和社会保障、社区服务设施等部门数据一体化工程，建立县级和社区两级社区服务云计算信息管理平台。

4. 规范化管理

以居民需求为核心，以和谐稳定为基础，创新服务方式，建立社区协商议事机制、居民利益投诉接待机制、青少年志愿服务长效机制、社区格网单元化管理机制、便民利民服务互助协作机制。

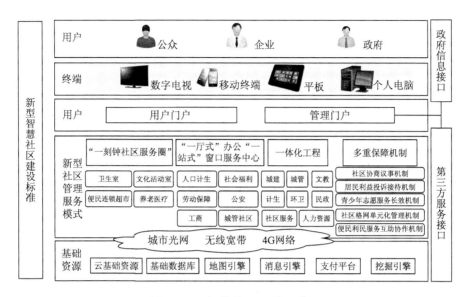

图 5-13 智慧社区系统示意图

（二）智慧广场工程建设

积极引导电信运营商、城市公共场所经营管理主体加大信息网络和信息显示设备建设投入，在城镇热点公共区域推广免费高速无线局域网接入，建设普惠宜居新城市。

建设车站、公园、商场、图书馆、展览馆、餐饮、宾馆、旅游景点、休闲健身中心等公共场所的信息网络环境和信息公告显示基础设施，构建集社会信息、交通诱导、防灾预警、应急预警于一体的信息发布平台，为公众提供更多、更便利的信息获取渠道。

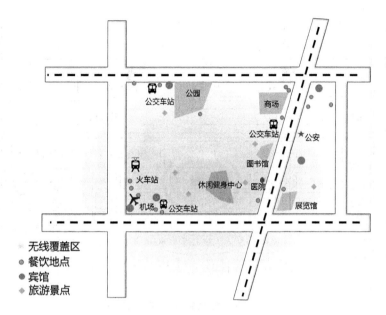

图 5-14 智慧广场建设示意图

（三）智慧生态林建设工程

推进生态系统保护与修复，优化生态服务空间配置，提升生态公共服务供给能力。

以京津保生态过渡带百万亩生态林重点工程建设为依托，积极推进森林体验基地、森林养生基地建设，建设智慧森林生态城市。定兴县人民政府和中国科学院地理科学与资源研究所合作，建立国际先进的京津保生态过渡带百万亩人工生态林生态定位观测与综合示范基地和生态文明科学实验基地，开展生态与城市化进程中人类活动的长期定位实验观测和科学研究，构建定兴县生态林碳水循环、土壤养分循环定位监测和生态系统服务功能价值动态数据库及生态监测监控科学展示中心，为京津冀地区生态屏障建设提供科学支撑。

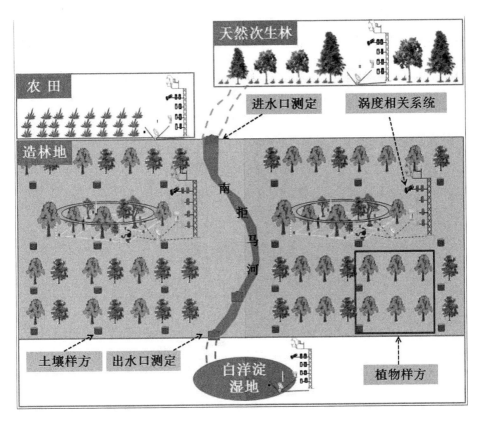

图 5-15　百万亩生态林生态定位监测系统示意图

（四）海绵城市信息监测系统工程建设

加强城市防洪防涝与调蓄、公园绿地等生态设施建设，提高城市建筑和基础设施的抗灾能力。结合海绵城市规划和建设，综合运用在线监测、数学模型、地理信息系统等先进技术，利用模

型技术科学分解和明确城市内各个地块海绵城市建设的主要控制
指标，利用信息平台在线监测，系统多方位记录海绵城市相关设
施建设运行情况，集中反映海绵城市建设、运营和管理的全过程
信息，全面提升海绵城市的运营管理水平、规划决策水平和建设
维护水平，为海绵城市建设的有效实施提供信息化管理手段。

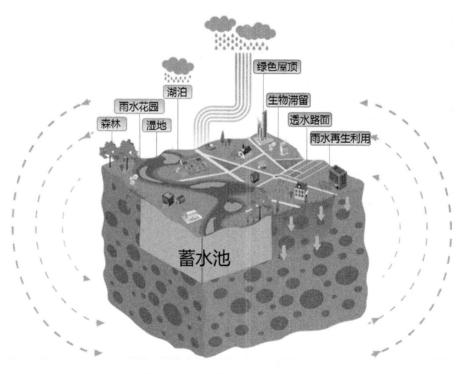

图 5-16　海绵城市系统示意图

资料来源：https：//ss0.baidu.com/6LVYsjip0QIZ8Aqbn9fN2DC/timg?

六、产业发展现代化应用体系建设

（一）创建大数据和云计算在现代农业产业应用中的示范工程

加快农业与信息技术的融合，发展智慧农业，提高农业生产力水平。改造提升传统农业，大力发展高效生态品牌农业，重点依托华农基地、昌利蔬菜示范园、蛋鸡养殖示范场等农业循环经济示范区，创建国际级现代农业示范区。推动信息技术与农业生产管理、经营管理、市场流通、资源环境等的融合，积极探索建立农业信息化管理信息系统，逐步实现农产品生产、加工、储藏、运输和市场营销等领域和环节的科学化和智能化管理。推进农业物联网应用，健全可追溯体系，逐步提高农业智能和精准化水平，着力打造智慧农业示范推广基地。

建设现代农业大数据信息平台与云计算中心工程。推进农业大数据应用，增强农业综合信息服务能力。通过提升、培育和引进等多种途径，集聚一批"智慧农业"龙头企业，带动现代农业的整体发展。近期实现对跨县域农业交易信息、市场供求信息、价格信息、政策信息、生产信息、技术信息的整合、存储、发布和运算。中远期实现农业精准水肥控制、农业循环体系设计与优化、过程管理设计与优化、育种科技支撑、农业商务服务等综合功能。

积极推进"互联网+"现代农业,推进农业经营主体对接电商平台,推动农产品、农业生产资料和休闲农业产品上网销售,促进农业市场化、标准化、规模化发展。

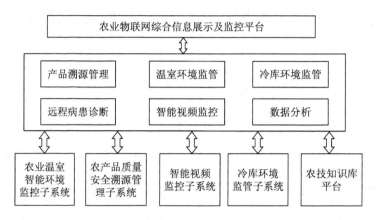

图 5-17 现代农业物联网综合信息平台

(二)创建"互联网+"生态工业示范园区建设工程

加快制造业企业的转型升级,大力推进创新驱动工程,引导传统要素聚变,实现由"定兴制造"向"定兴智造""定兴创造"转变,推动传统产业向中高端迈进。

依托定兴县省级金台经济开发区,优先开展"互联网+"升级计划,服务生物制药、新能源、食品加工、装备制造及现代物流等主导产业,建立监管、研发、分析、销售、物流五大园区"互联网+工业"信息管理系统。

重点推动喜之郎、西麦、恒兴、马大姐食品、北方食品等企业的扩展升级，打造中国休闲食品产业示范区。推进长城零部件、万驰传动系统、中博华泰汽车配件项目建设，不断壮大汽车及零部件产业集群。促进生物制药、节能环保等优势产业兴起。推进箱包、礼帽、刺绣、服装、印刷等轻纺工业信息化发展，提升轻纺产业竞争力。推动信息技术应用产业发展，培育发展互联网技术、软件应用技术、信息安全防护技术、信息技术服务等新兴产业集群，支持新一代信息技术、绿色低碳、智能系统等领域的产业发展壮大，形成新兴产业增长点。

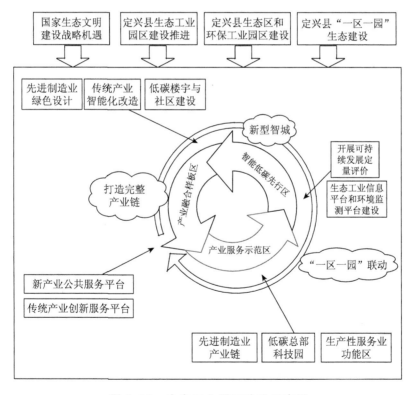

图 5-18　生态工业园区建设示意图

（三）建设"互联网+"现代服务业示范工程

加快发展现代服务业，促进服务业专业化发展。积极发展第三方物流、绿色物流、电子商务等生产性服务业，运用互联网、大数据、云计算等现代信息化手段，推动传统商业加速向现代流通转型升级，加快建立城市物流配送体系和城市消费需求与产品供给紧密衔接的新型生产经营体系。引导生产企业加快服务环节专业化分离和外包，鼓励中小企业依托网络平台进行原材料网上交易、产品网上销售。推进越辉、三禾、惠达等仓储物流配送发展，实现新发地农副产品市场健康运营，完善农产品电子商务交易平台功能。

建设完善电子商务基础设施，积极培育电子商务服务业，促进电子商务向旅游、餐饮、文化娱乐、家庭服务、社区服务等生活性服务业转变，促进生活性服务业向精细化和高品质转变。

（四）建设现代文化产业示范工程

推进文化业态创新，积极发展文化产业，促进文化与科技、信息、旅游、生态的融合发展，创新文化产品和服务内容，培育和促进文化消费，提升文化产业规模，成为经济发展新的增长点。

加强文化行业的信息化建设，整合文化信息资源，推进文化资源数字化建设，建设综合文化服务平台、管理平台、市场监管系统等应用系统，实现文化信息资源共享，完善公共文化服务目录，提供"菜单式""订单式"服务，提升公共文化产品的供给能力和服务效能。

加快重大文化项目建设，全面提升公共文化服务设施水平，推进县文化馆、图书馆、社区文化站、文化活动中心等建设，实现城乡文化设施全覆盖。

充分挖掘定兴县历史文化资源，推动金台文化、西厢文化、京绣文化的发展，打造具有定兴特色的文化产业，培育一批新兴文化业态，构建具有竞争力的定兴文化产业体系。

（五）创建"互联网+"健康养老产业示范工程

积极推进社会养老服务体系建设，初步建立起与人口老龄化进程相适应、与经济社会发展水平相协调，以居家为基础、社区为依托、机构为补充的多层次社会养老服务产业体系，让老年人安享晚年、共享经济社会发展成果。

推动医疗卫生和养老服务相结合，建立医疗机构和养老机构合作机制，推进医疗卫生服务延伸至社区、家庭。加强居家养老、社区养老、机构养老的老年宜居环境设施建设，提升养老服务能力。

依托云计算、大数据等现代信息技术手段，构建覆盖全县城乡社区的养老信息服务平台，为老年人提供长期跟踪、预测预警的个性化高效便捷服务，不断提高养老服务水平，促进养老服务产业发展，打造集养老、医疗、生态、休闲于一体的健康养老基地，如图 5-1 所示。

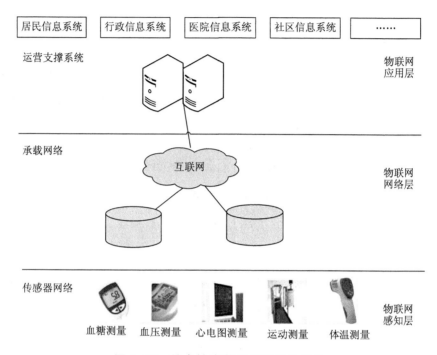

居民信息系统　行政信息系统　医院信息系统　社区信息系统　……

运营支撑系统

物联网应用层

承载网络

互联网

物联网网络层

传感器网络

血糖测量　血压测量　心电图测量　运动测量　体温测量

物联网感知层

图 5-19　社会健康养老体系总体结构

资料来源：郭源生等（2014）[22]。

（六）先行建设京津保地区"小微企业创业创新基地城市"

以推进"大众创业、万众创新"为主线，充分体现"企业主导、政府服务、政策集成、机制创新"的原则，先行示范小微企业集群注册与融资平台建设，促进小微企业和社会公众无门槛、低成本创业创新，实现小微企业效益和吸纳就业人口"两个翻番"，小微企业的科技创新能力和自主发展能力"两个显著增强”，培育科技小巨人企业和小微企业集群，提升全县产业就业支撑和人口集聚能力。

成立定兴县小微企业创业创新试点办公室。与中国科学院、清华大学、北京大学、河北工业大学开展院（校）地合作，推进产学研一体化，在省级金台经济开发区、河北工业大学国家大学科技园保定园区平台的基础上，成立定兴县创业创新中心，先行示范小微企业集群注册托管公司，推行小微企业集群注册托管运营模式。为小微企业发展提供地址托管、商务秘书、创业培训等"一站式"全方位服务，培育壮大小微企业集群。

定兴县创业创新中心建立"互联网+"小微企业信用平台，为生态工业，现代农业与商贸性、科技性企业等小微企业融资，提供全周期保姆式融资服务绿色通道。

七、基础设施智能化应用体系建设

（一）信息网络基础设施建设工程

加快构建城乡一体的宽带网络，推进下一代互联网和广播电视网建设，全面推广"三网融合"，形成基础设施共建共享。着力构建新一代信息网络基础设施，加快物联网试点推广，加快推进光纤到户和第四代移动通信网络的建设，建设统一高效的泛在网络。推进城镇地区光纤到楼入户，加快光纤网络向乡镇和行政村延伸，推进宽带向政府、公共服务机构和社区中心覆盖。大力推进无线城市应用建设项目的落地，统筹规划物联网和云计算服务平台建设，更好地发挥新一代信息网络基础设施建设效益。积极推进互联网、电信网、广电网"三网融合"，探索建立适应三网融合的运营模式、市场体系和政策体系，推进信息网络技术广泛运用。

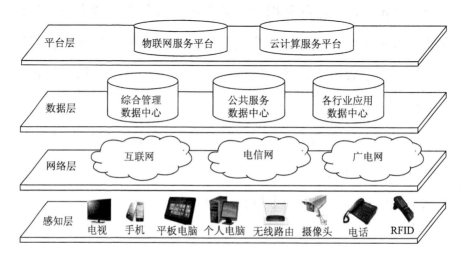

图 5-20　信息网络基础设施示意图

（二）公共信息平台建设工程

积极推进云计算、物联网、大数据应用，有序推进行业云服务平台建设，支持行业信息系统向云平台迁移，形成"互联网+生态体系"创新模式，促进互联网与智慧应用融合。切实加大信息资源开发共享力度，搭建数据资源开放共享平台，加快推进信息资源开发和整合共享。开放和开发应用，助力产业转型升级和社会治理创新。推进"五库"建设，为相应业务应用系统和智慧城市应用体系建设提供丰富、准确、及时的信息资源，为政府公共管理服务、企业经营管理和居民生存发展提供有力的支撑。建立促进信息共享的跨部门协调机制，完善信息更新机制，进一步加强政务部门信息共享和信息更新管理。加快政务信息资源目录体系和交换体系建设，整合已建政务信息系统，统筹新建系统，建设信息资源共享设施，大力推动政府部门将企业信用、产品质量、食品药品安全、综合交通、公用设施、环境质量等信息资源向社会开放，鼓励市政公用企事业单位、公共服务事业单位等机构将教育、医疗、就业、旅游、生活等信息资源向社会开放。支持社会力量应用信息资源发展便民、惠民、实用的新型信息服务。鼓励发展以信息知识加工和创新为主的数据挖掘、商业分析等新型服务，深化大数据在各行业的创新应用，加速信息知识向产品、资产及效益转化。促进社会事业数据融合和资源整合，实现基于数据的科学决策，为智慧城市建设提供有力的数据支撑。

公共信息平台是智慧城市的重要基础设施，是智慧化的基础和关键，以云计算应用、数据交换共享为基本需求，加快建设具备超大数据处理、数据汇集与整合加工、数据管理与服务、大数据挖掘分析、运营维护等功能的智慧城市公共信息平台，支撑不同部门异构系统间的资源共享和业务协同，有效解决政府各部门多头投资、重复建设、资源浪费的问题，实现信息和服务全面集成共享，为智慧城市建设和运营提供平台支撑。

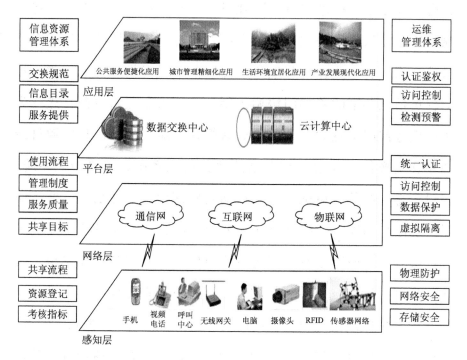

图 5-21 公共信息平台示意图

1. 云计算中心建设

基于云平台，采用面向服务的体系结构（SOA）思想，按照"统一标准、统一架构、共建共享、授权使用"的原则统筹设计，构建面向公众、企业、政府的智慧城市云计算中心，逐步建成处理能力强、存储容量大、安全可靠、适度分散、适应不同应用服务、布局合理的云计算环境，最终形成支撑定兴经济社会发展的云计算基础设施服务能力。智慧城市形成服务全县、高效开放的公共信息平台，各部门单位系统通过服务接口的方式在公共信息平台注册和运行，实现异构系统间的资源共享和业务协同，实现城市资源信息和服务的全面集成和共享。

（1）云计算中心机房

以高质量、高安全、可靠性、可扩充性为原则，按照信息安全等级保护的要求建设云计算中心机房，保障云计算中心的物理安全。

（2）云数据中心

通过虚拟化技术对硬件设备进行资源池化，建立云管理平台对虚拟化资源进行统一调度和管理。

（3）云应用平台

通过开发应用集成平台，从数据和应用两个层面进行系统集成，为用户提供云应用开发框架。

2. 数据交换中心建设

数据共享与交换平台是公共信息服务平台的基础，提供底层数据交换和共享支持，使用同一的数据交换标准，支持异构数据库，实现跨部门、跨平台、实时快速的数据共享和交换功能，为整合基于不同操作系统平台和数据库类型的不同部门之间的应用系统提供重要保证。

（1）目录管理与服务系统

建设和完善信息资源交换共享目录，形成信息资源交换共享的指导规则。建设公共信息平台的目录管理与服务系统，实现对信息资源交换目录和规则的灵活配置和管理，适应不同条件下政府信息资源交换共享的要求。

（2）数据交换服务系统

建设公共信息平台的数据交换服务系统，以公共基础数据的交换共享为出发点，逐步拓展交换共享覆盖领域至各行业，拓展交换共享数据范围至各领域关键业务数据，从各离散的信息源获取人口、法人、宏观经济、地理信息、建筑物等公共基础数据，经过数据处理，建成汇聚各部门业务系统的公共业务数据库。

（3）数据整合服务系统

建设公共信息平台的数据整合服务系统，整合常用的公共基础数据、公共业务数据等资源与服务，形成公共应用服务数据系统，完善共享公共应用服务的机制，提供统一有序的接口，供各领域智慧应用直接调用，减少智慧应用开发周期和建设成本。进一步实现对公共基础数据库、公共业务数据库中数据的梳理、加工、整合、关联，形成供公众、企业以及第三方机构应用的公共服务数据库。提供面向各领域智慧应用的数据服务、功能服务等各种信息服务。

（4）数据发布与利用

建设智慧城市公共信息平台的发布系统，作为公共信息平台信息发布、可视化操作的窗口。将公共信息资源库的数据开放功能聚合成功能接口，在遵守法律法规和保护隐私的前提下，对外提供数据和调用服务，支持各项注册智慧应用通过公共信息平台调用相关数据和服务，构建满足智慧应用需要的公共基础数据、公共业务数据、公共服务数据等公共数据信息服务平台。

（5）大数据分析平台

建设智慧城市公共信息平台的大数据应用平台，建设基于公共数据库提供的公共基础数据、公共业务数据和公共服务数据的分析系统，实现对城市经济社会运行状况的动态监测，利用大数据分析处理技术，构建大数据分析数据仓库和分析模型，开展大数据挖掘分析，供城市管理者综合查阅和决策支持，实现智慧城市运行管理中心的后台支撑。

3. 运维管理服务系统

建设智慧城市公共信息平台的运维管理服务系统，实现对智慧城市公共信息平台实施状况的统一监控和维护，支持各领域智慧应用和服务的注册和管理，实现对各类接入机构、应用、服务、用户的统一管理，规范资源的提供、管理与使用。

4. 完善信息资源管理体系

遵守国家和信息化相关标准规范，由智慧城市建设领导小组组织各相关单位参与，加快制定和完善智慧城市数据交换规范、信息目录规范、服务提供规范、服务质量规范以及公共信息平台使用流程和管理制度，加快业务协同共享指标项、共享流程等业务规则的协商与制定。推进各部门单位严格遵循智慧城市数据信息资源库及公共信息平台相关数据规范，加快梳理内部资源，开展资源登记及目录编制。

加快制定信息资源共享及使用管理制度，明确纳入信息资源共享目录的各部门单位应实现信息资源的共享，并将信息资源共享数量、质量和效率纳入部门考核及领导考核，对信息资源共享优秀部门给予信息化建设资金倾斜。制定纳入共享的各项信息资源使用权限、条件、保密等方面的详细规范，明确违规使用导致泄密及不良后果的需由违规部门及个人承担责任，确保信息资源按照规范安全使用。指定责任部门，作为信息资源库及公共信息平台的运营管理部门，负责公共信息资源库及公共信息平台的运营管理，并定期提供各部门单位信息资源共享及使用情况报告，作为信息资源共享及使用的考核依据。信息资源库及公共信息平台运营管理部门在保障政府对信息资源控制权的前提下，可根据需要拓展技术维护外包，充实技术维护力量。

（三）智慧能源建设工程

加快推进智慧电网建设，提高电网与发电侧、需求侧的交互响应能力。推进能源与信息技术的深度融合，重点推进智能电网调度技术支持、输变电设备状态监测、用电信息采集、营配合一的营销自动化等系统建设，实现智能变电站、配电自动化，搭建通信信息一体化平台，构建以特高压为主网架，各级电网协调发展的综合电网，提高发电、储能、输电、变电、配电和用电各环节的智能化水平。逐步实现各类可再生能源的统一入网管理，推进分布式能源管理，提高能源的使用效率，实现更可控、更高效和更安全的智慧电网运营管理模式，促进电网体系协调发展，优化能源消费结构，实现能源可持续发展。

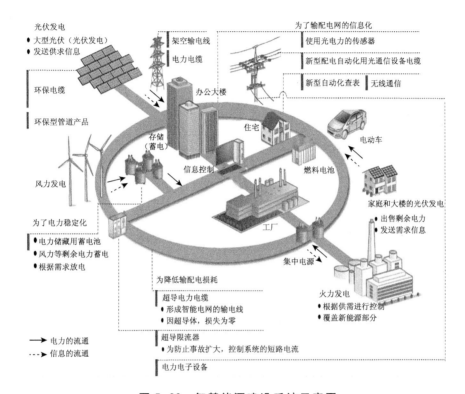

图 5-22　智慧能源建设系统示意图

（四）智慧交通和尾气减排建设工程

推进交通运输低碳发展，构建智能化综合交通运输体系。在京津冀地区先行示范开展县域"车联网+"绿色交通减排行动计划，系统开展本县域内、过境不同类型车辆行驶智能监测、视频数据采集和车辆尾气污染物排放模拟分析，建立定兴县"车联网+"绿色交通减排数据库，为京津冀县域交通污染减排提供科学依据参考。建设和完善公路、运输、城市交通等综合交通监测和管理系统，搭建统一的交通地理信息、卫星定位管理与服务、视频监控管理等平台，全面提升城市交通指挥调度、车辆管理、危化品运输、出行服务、应急救援等方面的管理和服务水平。优先使用节能环保运输工具，推进发展多式联运，提高交通运输服务质量和效益。

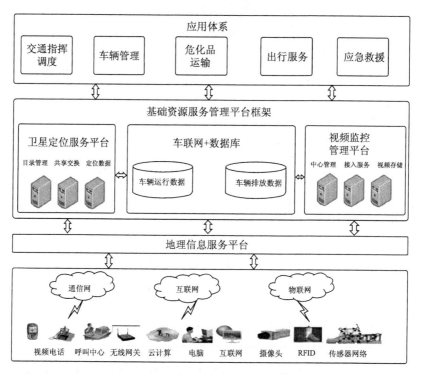

图 5-23　智慧交通车联网系统示意图

（五）智慧水务建设工程

完善水利基础设施建设，推进水资源的节约使用和高效利用，提高用水效率。推进智能供水系统应用，构建智能化供水资源动态监测和管理调度网络，提高污水、中水再生利用能力，保障供水安全，节约水资源。促进水资源管理、水土保持、农村水利建设、水利工程建设管理、农村水电及电气化管理等信息化应用系统，大力推广物联网、智能监测、视频监控等技术，提高水资源节约和合理开发利用能力。建设全过程智能水务管理系统和饮用水安全电子监控系统。

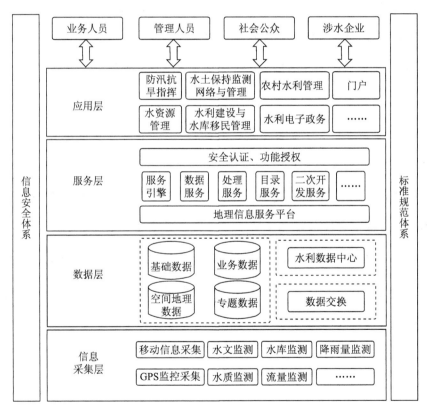

图 5-24　智慧水务系统示意图

（六） 综合地下管廊信息建设工程

加强市政管网地下基础设施改造与建设，以城市新区、各类园区成片开发区域为重点，结合旧城改造和地下空间开发，推进地下综合管廊建设，实施城市给水、燃气、电力、通信、广播电视、排水、热力等各类型地下管网和入地工程。形成立体化的地下综合管廊空间地理和管线专题信息库，搭建依托统一的地下管网数据中心的城市规划、建设、运营管理系统，管线的综合地下管廊信息管理专业应用系统和立体展示模型。以数字化地图为地理空间框架、以管线空间信息和属性数据为资源，利用地理信息系统的数据库管理、空间查询、位置定位、统计分析等技术，建立一体化和智能化的管廊综合管理系统，为智慧城市建设打下坚实的基础。充分运用物联网等现代监测技术，对地下综合管廊内的火情、可燃气体、有害气体、温度、通风、排水、管廊设备等进行不间断的监测。实现管网探测、故障检测与定位、问题诊断与分析等综合管廊的智能化管理，及时获取防灾、水质、爆管、渗漏等预警信息，显著降低管网事故率，避免重大事故发生。

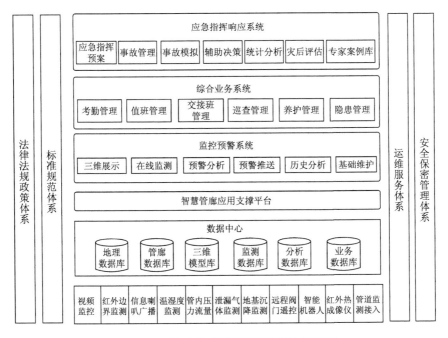

图 5-25 地下综合管廊监测系统示意图

八、决策分析数据化应用体系建设

充分利用大数据技术，对数据进行深度融合、综合分析和挖掘，构建数据化的决策分析支持体系。通过对基础数据和运行数据进行系统的深度挖掘，分析数据和事件行为，预测事件发展趋势，建立目标事件模型，促进社会矛盾、经济运行、灾害、疫病疫情等事件预测预警信息系统建设，及时、准确地为各级领导和管理部门提供数据支持，使智慧城市的管理系统和服务系统充分、有效、合理地发挥各自的作用，从而为城市的智慧化、精细化管理提供决策依据。

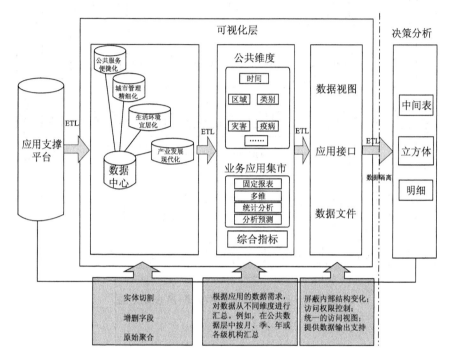

图 5-26　决策分析系统示意图

　　大数据技术是智慧城市建设的关键，通过对智慧城市体系的感知、识别和信息采集，汇聚海量的数据，从而对获取的感知数据进行智慧处理，形成各种分类数据，更加有效地应用于智慧城市建设，为城市管理和服务的决策分析提供支撑。

　　信息资源共享是智慧城市建设的主要数据来源。在城市体征信息实现数字化后，智慧城市平台按照定义的标准数据要求，整合与各部门业务子系统有关的城市体征的关键数据，以打破"孤岛效应"，实现资源共享。实现资源共享的关键在于强化资源共享理念，"打破小我，实现大我"。创新城市管理模式，再造城市管理流程，抓好信息资源共享的安全性建设及协调配置，提高城市管理服务的水平和效率。

数据挖掘技术是综合运用数据库技术、人工智能技术、可视化技术、神经网络方法、遗传算法、决策树方法、数理统计分析方法、模糊集等技术和方法，在城市信息海量的、不完全的、有噪声的、模糊的、随机的数据中提取数据信息并进行数据清洗，对这些信息数据进行分类分级、估计预测、关联性分析、聚类分析等，去发现用户感兴趣的潜在有价值的信息或知识，而且发现的信息或知识是可接受的、可理解的、可运用的，并可以通过多维可视化的手段来表达。数据挖掘后发现的信息知识被广泛应用于城市管理和服务、查询优化、决策支持、过程控制及数据自身的维护。数据挖掘把人们对数据的应用从低层次的简单查询，提升到从数据中挖掘知识、提供决策支持的高度。

辅助决策是数据挖掘在智慧城市应用中的体现和目标。以城市智慧管理决策主题为重心，基于城市基础信息的支撑，以城市档案、物联网技术、信息智能处理技术和自然语言处理技术为基础，利用各种模型及技术对城市数据进行定性和定量分析，构建决策主题研究相关的知识库、预案库等，为政府、企业、公众提供各种决策信息以及问题的解决方案，将决策者从低层次的信息分析处理工作中解放出来，专注于最需要决策智慧和经验的工作，从而提高决策的质量和效率。建设并不断完善辅助决策系统，为决策主题提供全方位、多层次的决策支持和知识服务，为城市管理者提供决策信息支持。

数据可视化是智慧城市建设成果和价值的集中体现，使智慧城市变得可知可感，通过图形、图像处理、计算机视觉等技术方法，实现城市运行核心系统的各项关键数据的呈现，以视觉效果展现智慧城市的全貌。借助于地理信息系统将城市街区、建筑物、管线管廊等城市基础设施，以及机动目标的位置信息真实、准确地展现在数据可视化平台之上，使城市全景得到精细呈现。运用数据可视化技术对城市运行过程中产生的各种各样的数据信息进行融合，以报表、图表等形式呈现城市管理、服务、经济、民生等领域的综合数据，全方位掌控城市综合运行态势，为城市的智慧化和精细化管理提供决策依据。

第六章　信息安全和运营
管理保障机制建设

一、信息安全保障机制建设

智慧城市信息安全保障从安全防护技术与安全管理两个方面对安全防护的管理措施提出了要求。

（一）信息安全防护体系建设

严格全流程网络安全管理。在推进智慧城市建设中要同步加强数据安全和网络安全保障工作。在重要信息系统设计阶段，要合理确定安全保护等级，同步设计安全防护方案；在实施阶段，要加强对技术、设备和服务提供商的安全审查，同步建设安全防护手段；在运行阶段，要加强管理，定期开展检查、等级评测和风险评估，认真排查安全风险隐患，增强日常监测和应急响应处置恢复能力。加强要害信息设施和信息资源安全防护。加强公共数据资源的安全评估与保护，建立数据资源和利用授信机制，加强数据安全保护。加大对党政军、金融、能源、交通、电信、公共安全、公用事业等重要信息系统和涉密信息系统的安全防护，确保安全可控。完善网络安全设施，重点提高网络管理、态势预警、应急处理和信任服务能力。统筹建设容灾备份体系，推行联合灾备和异地灾备。建立重要信息使用管理和安全评价机制。

信息安全技术保障包括物理安全、网络安全、虚拟化安全、服务安全、数据安全和行为安全等，主要内容如下：

1. 物理安全

包括基础设施的设备安全、电源安全以及环境安全，如防雷击、防火、防水、防静电、防辐射、防盗窃、火灾报警及消防等设施和措施安全。

2. 网络安全

包括基础设施的可信接入、访问控制、虚拟专用网、防垃圾邮件、防拒绝服务攻击、入侵检测、入侵防护、防恶意代码、网络接入、网络隔离、内容过滤、网络审计等。

3. 虚拟化安全

虚拟化技术主要包括服务器虚拟化、网络虚拟化、存储虚拟化、应用虚拟化等，虚拟化安全主要包括虚拟机的入侵检测和防护技术、虚拟机运行时的完整性保护技术、虚拟机的隔离技术、虚拟机映像文件的安全保护技术、虚拟机的安全迁移技术等。

4. 服务安全

包括病毒防护、防恶意代码、双机热备、负载均衡、运行容器隔离技术、容灾与容错技术、在线监控与自动恢复技术等。

5. 数据安全

包括数据隔离、数据访问控制、数据传输、数据库安全、数据加解密、数据备份与恢复技术等。

6. 行为安全

包括行为监控技术、入侵防护技术、安全审计技术、应急响应技术等。

通过安全防护技术的应用，确保智慧城市基础设施的安全可靠，保障智慧城市应用体系业务的连续性。

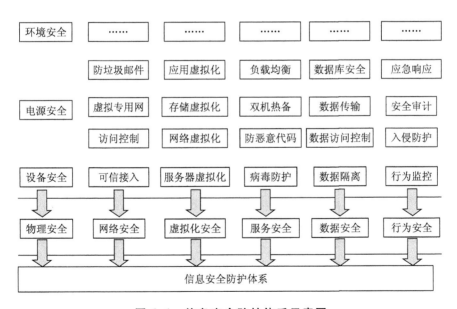

图 6-1　信息安全防护体系示意图

（二）信息安全保障机制建设

建立关键信息基础设施保护制度，完善重要信息系统等级保护制度。严格落实国家有关法律法规及标准，加强行业和企业自律，切实加强个人信息保护。强化安全责任和安全意识。建立网络安全责任制，明确政府及有关部门负责人、要害信息系统运营单位负责人的网络信息安全责任，建立责任追究机制。加大宣传教育力度，提高智慧城市规划、建设、管理、维护等各环节工作人员的网络信息安全风险意识、责任意识、工作技能和管理水平。鼓励发展专业化、社会化的信息安全认证服务，为保障智慧城市网络信息安全提供支持。

1. 信息安全管理体系建设

确定信息安全管理范围，制定信息安全策略，明确管理职责，以风险评估为基础制定有效的控制目标和控制措施。

2. 信息安全制度体系建设

依照国家和地方相关信息安全法律、法规和规范，针对智慧城市的各类应用系统，建立完善的信息安全管理制度，规范智慧城市相关系统应用安全建设和安全运维的制度，规范管理人员和操作人员的日常管理，建立操作流程。

3. 信息安全运维体系建设

加强信息安全的日常运维管理，对安全规范的执行行为进行持续性的审计和评估，规避潜在信息安全威胁，给出风险应对手段和措施，确保信息系统安全风险保持在可接受范围内。

4. 信息安全监管体系建设

信息安全监管属于智慧城市安全管理的一部分，以实现对智慧城市信息安全事件的监控与管理，包括安全事件监管、合规性监管、舆情监控、安全审计、应急响应、服务监管、接入监管以及隐私保护等。安全事件监管能够及时发现和处理智慧城市中出现的各种信息安全事件，将信息安全事件的影响降到最低。

通过信息安全保障机制的运行，确保信息安全风险得到有效控制，保障智慧城市各应用体系的安全运行。

二、运营管理保障机制建设

（一）运营模式

以京南生态卫星城为依托，建设绿色、低碳、生态、人文、宜居的智慧城市。智慧城市建设以为民、惠民为优先考虑，因此智慧城市建设主要是以社会公共服务与管理应用为突破口的建设模式。在继续提升信息基础设施能级的前提下，把夯实智慧应用放在突出位置，首先建设与民生息息相关的社会应用示范项目。

智慧城市的建设建议按照"政府引导、企业参与、市场化运作"的模式，循序渐进地推进。政府财政每年安排支持信息化建设的专项资金，可以按照程序优先支持示范试点项目，形成政府多元化、多渠道的投融资体系，引导智慧城市建设。

将智慧城市建设分期、分段进行项目分解，按分项目的适应性安排融资建设；优化投资方案，对项目的进度及投资目标进行跟踪管理。"智慧定兴"建设运营主体如下：

1. 政府

智慧城市建设领导小组办公室负责统筹政府信息化建设，监管智慧城市建设和运营服务。此外，政府还向智慧城市经营者和服务提供者按需定制购买服务。

2. "智慧定兴"的经营者和服务提供者

智慧城市的经营者和服务提供者为"智慧定兴"建设运营公司。经营者和服务提供者负责为政府提供服务并收取费用，为"智慧定兴"投资方提供平台并吸纳资金，为其提供运营安全保障、服务过程保障等服务。

3. "智慧定兴"建设者

"智慧定兴"建设者由企业、科研院所和高等院校组成，主要负责"智慧定兴"的规划、设计和建设，向"智慧定兴"经营者和服务提供者交付所需产品及服务。

4. "智慧定兴"投资方

"智慧定兴"投资方由商业银行、产业基金、民间资本等组成，向"智慧定兴"经营者和服务提供者投入资金并获得资金回报。

（二）实施计划

按照"基础先行，民生优先"的原则，把提升信息基础设施能级和夯实智慧应用基础放在突出位置，先行建设与民生息息相关的项目。构建智慧和谐的城市管理体系、方便快捷的民生服务体系、深度融合的企业应用体系，形成完善成熟的管理机制、建设机制、运维机制以及数据共享机制，彻底消灭"信息孤岛"，真正实现互联互通。通过分阶段发展，滚动推进实施计划，促进智慧城市建设持续深入发展。根据智慧城市建设的规律和定兴现状，智慧城市的建设可分为两个阶段。各阶段建设项目的选择可参考以下几个方面：基础优先性，时间紧迫性，有利于体现生态定兴、宜居定兴、实力定兴、魅力定兴等城市特色，有利于展现城市新形象，有利于产业发展，有利于城市管理，等。

1. 第一阶段（2016—2017 年）：基础建设阶段

以城市建设管理和民生服务为重点突破领域，统筹规划网络基础建设；启动数据基础建设，开展云计算中心建设，完善城市公共基础数据库建设；完成信息安全平台建设，为"智慧定兴"各行业应用提供支撑基础；完善数字城管、平安城市建设，使城市高效和有序地协调运行；开展智慧民生服务建设，启动综合信息服务平台、智慧教育、智慧健康、智慧生态等优先示范项目建设。

2. 第二阶段（2018—2020 年）：推广应用建设阶段

进一步完善云平台建设、城市公共基础数据库建设，推进大数据分析应用。完成公共业务数据库、公共服务数据库建设，为各项应用提供有力的数据支撑。逐步推进各领域的智慧应用体系建设，拓展"智慧定兴"的建设广度和建设深度。到 2020 年基本实现"智慧定兴"的基本框架建设，为后续巩固和扩大项目建设成果，实现"智慧定兴"建设全面升级奠定坚实的基础。

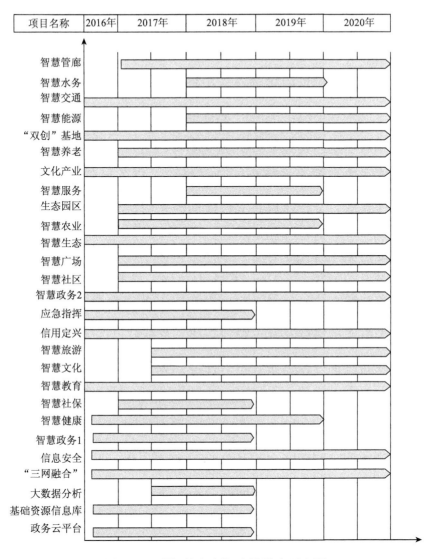

图 6-2 "智慧定兴"建设进度示意图

（三）实施运维

智慧城市建设规模庞大，实施运维更是一个复杂而长期的过程，由智慧城市建设领导小组负责智慧城市建设过程中的进度控制、质量管理，并负责项目验收。智慧城市运行维护组及运行维护企业负责智慧城市的运维，采用科学的方法提高整个系统的运维水平，实现智慧城市系统、平台的分级预警、分时响应、快速恢复。同时，为确保整个项目运行服务及管理工作更加高效地开展，需要完成相关人员培训、日常维护、应急保障、模拟演练、备品备件管理、资产管理和文档管理等。

（四）运行评估

在智慧城市建设领导小组的领导下，各部门会同智慧城市建设领导小组成员单位及有关部门，建立智慧城市运行的动态评估、滚动调整和监督考核机制，由智慧城市监察审计组负责智慧城市的运行评估。各部门要依据智慧城市总体规划的要求，落实智慧城市的建设目标、建设内容、重点领域示范工程和政策保障，加强对智慧城市运行的动态评估和监督检查工作，及时发现和反馈智慧城市运行过程中存在的问题，不断完善和优化规划实施方案，确保智慧城市建设顺利、运行顺畅。

智慧城市运行评估的指标体系主要可分为智慧城市信息化基础、智慧城市公共管理和服务、智慧城市经济发展、智慧城市人文素养、智慧城市市民幸福感等 5 个维度，包括 15 个二级指标、60 个三级指标。

表 6-1　定兴县智慧城市关键评价指标

一级指标	二级指标	三级指标	2020 年目标值
智慧城市 信息化基础	宽带网络 覆盖水平	家庭光纤可接入率	≥99%
		无线网络覆盖率	≥95%
		"三网融合"程度	≥50%
	宽带网络 接入水平	户均网络带宽	≥30M
		无线网络平均接入带宽	≥5M
	基础设施 投资建设水平	基础网络设施投资占社会固定 资产总投资比重	≥5%
		传感网络建设投资占社会固定 资产总投资比重	≥1%
		生活燃气普及率	≥90%
		生活供水普及率	≥90%
智慧城市公共 管理和服务	智慧政务	行政审批项目网上办理比例	≥90%
		政府公务行为全程电子监察率	100%
		政府非涉密公文网上流转率	100%
		企业和政府网络互动率	≥80%
		市民与政府网络互动率	≥60%
	智慧交通	公交站牌电子化率	≥80%
		市民交通诱导信息服从率	≥50%
		停车诱导系统覆盖率	≥80%
		车联网覆盖率	≥80%
		城市道路传感终端安装率	100%
	智慧医疗卫生	市民电子健康档案建档率	100%
		电子病历使用率	100%
		医院间资源和信息共享率	≥90%
	智慧环保	环境质量自动化监测比例	≥95%
		重点污染源监控比例	100%
		碳排放指标（比 2010 年下降）	≥40%

一级指标	二级指标	三级指标	2020 年目标值
智慧城市公共管理和服务	智慧能源管理	家庭智能电表普及率	≥50%
		企业智能化能源管理比例	≥70%
		道路路灯智能化管理比例	≥90%
		新能源汽车比例	≥10%
		建筑物数字节能比例	≥30%
	智慧城市公共安全	食品药品追溯系统覆盖率	≥90%
		自然灾害预警发布率	≥90%
		重大突发事件应急系统建设率	100%
		城市网格化管理覆盖率	≥99%
		户籍人口及常住人口信息跟踪	≥99%
	智慧教育	城市教育支出占生产总值比重	≥4.5%
		家校信息化互动率	≥90%
		网络教学比例	≥50%
		学前入园率	≥97%
	智慧社区管理	社区信息服务系统覆盖率	≥99%
		社区服务信息推送率	≥95%
		社区老弱病残信息化监护服务覆盖率	≥90%
		居民小区安全监控传感器安装率	≥95%
智慧城市经济发展	产业及信息化发展水平	信息产业固定资产投资占总投资比重	≥10%
		新兴产业增加值占全县生产总值比重	≥10%
		工业化和信息化融合指数	≥85%
		物流服务企业网站建站率	≥90%

一级指标	二级指标	三级指标	2020 年目标值
智慧城市人文素养	市民网络化水平	市民上网率	≥60%
		移动互联网使用比例	≥70%
智慧城市市民幸福感	生活安全感	食品药品安全满意度	≥8 分
		环境安全满意度	≥8 分
		交通安全满意度	≥8 分
		防控犯罪满意度	≥8 分
	生活便捷感	网络资费满意度	≥8 分
		交通信息获取便捷度	≥8 分
		城市就医方便程度	≥8 分
		政府服务便捷程度	≥8 分
		公共交通连接满意度	≥8 分
		公共交通质量满意度	≥8 分
		获取教育资源便捷程度	≥8 分

第七章 智慧城市建设的保障措施

智慧城市建设是一项复杂的系统工程，涉及城市的农业、工业、商业、服务业、交通、医疗、教育、能源、环保等各方面。在智慧城市的建设过程中，完善的保障措施不可或缺。

一、加强智慧城市建设组织领导

定兴县政府成立智慧城市建设领导小组，统筹智慧城市建设工作。领导小组下设办公室，负责智慧城市建设的具体工作。

成立由中国科学院、中国工程院以及驻北京市、天津市权威科研院所、重点院校的院士、专家组成的智慧城市建设专家咨询委员会，建立专家决策咨询机制。

依托相关机构，建立智慧城市建设综合协调组，各相关部门按照职责分工，负责相关领域任务的细化和落实。各委办局建立相应的推进机制，按照全县统一部署，负责本领域智慧城市建设工作。

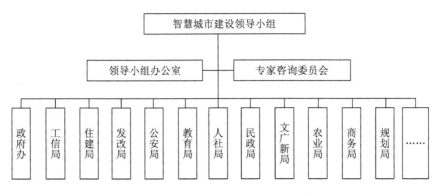

图 7-1　智慧城市建设项目组织结构图

二、建立配套政策支撑体系

（一）以政府为主导

坚持以政府为主导，协调各方科学制定建设规划，充分调动各方积极性，积极构建以政府为主导、以企业和市民为主体、以市场为导向、产学研用相结合的推进体系，不断增强智慧城市的综合实力。

（二）建立规范完善的法律、法规和政策支撑体系

结合智慧城市建设的需求和探索实践，着力引进培育一批相关领域的标准法规研究机构。高度重视智慧城市建设相关的运营规则、法规规范、信息化技术标准、制度规则的创新和应用试点

示范工作。制定和完善智慧城市建设方面的政策，优化发展环境，规范建设行为，确保最佳的投资、创业环境。提高各项制度、法律、法规的执行能力，建立和完善法律、法规和政策支撑体系。

（三） 建立配套服务体系

按照"配套先行，服务先行"的理念，加强交通、网络、通信等方面的基础设施建设，美化环境，不断完善住房、餐饮、医疗、教育等相关的生活服务，建立多层次的配套服务体系。

三、构建信息服务及管理运行机制

结合定兴县智慧城市建设实际情况，构建一套科学、实用的IT运行维护体系。系统运行服务及管理的目标是以"运维周全、服务到家"为宗旨，实现定兴县智慧城市建设项目的"零风险、零故障"。根据日常监测数据，预测系统潜在故障，进行故障提前解除。

为确保定兴县智慧城市建设相关部分能够连续、可靠、安全运行，降低发生故障的概率，提高项目的运行管理水平和服务保障能力，为"智慧定兴"各领域、各行业工作提供高效、可靠、便利的服务，构建基于ITIL的运行服务及管理体系，规范事件管理、问题管理、配额管理、变更管理及发布管理等流程，并建立全县智慧城市建设项目的运维管理工作平台，实现定兴县智慧城市系统、平台的分级预警、分时响应、快速恢复。同时，为确保整个项目运行服务及管理工作更加高效地开展，需要完成相关人员培训、日常维护、应急保障、模拟演练、备品备件管理、资产管理和文档管理等。

四、构建产学研协同创新模式

建设完善产学研科技协同创新体系，积极争取和拓展与国内外知名科研院所的合作关系，启动实施一批院地智慧城市建设合作重点项目，建立融合产业相联的2~3个创新联盟，探索产学研结合新模式。

主动对接中国科学院、中国工程院、驻京津重点高校和权威科研机构，依托河北工业大学国家大学科技园保定园区、嘉旭福美信息产业园区建立院地合作信息科技产业园，建成京南地区科技成果试验和成果转化基地，推进科技创新成果优先在定兴县产业化，培育定兴县战略性新兴产业。

五、构建多元投融资模式

智慧城市项目融资模式按照资金来源主要分为政府投资模式和政府融资模式。其中政府投资模式包括政府投资政府运营、政府投资企业运营两种，政府融资模式包括企业投资政府运营、企业投资运营等几类。城市资源可以分为非经营资源和可经营资源两种。根据不同的城市资源类型应选择不同的运行与应用模式。

加大对智慧城市相关项目的资金投入，充分发挥市科技计划和各种市级计划的引导作用，积极争取国家和省科技部门、经济综合管理和各相关产业部门对定兴县智慧城市建设的指导与支持，争取更多的试点、示范项目落户定兴县。可以设立智慧城市专项资金，有关部门每年单列专项资金予以支持，增强政府调动全社会资源配置的能力，同时吸引和鼓励民间资本、金融资本、国际资本对智慧城市建设的投入。

根据每个建设领域的特点，在重要性、保密性允许的条件下，按照"政府主导、市场运作"的原则，对其中的一部分领域采取不同的投融资方式进行建设。这一部分可以由企业承建，并赋予其一定的经营权。

为参与建设的企业提供资金保障的政策和优惠。加快完善风险投资机制，发挥政府投资的导向作用，建立健全政府与企业等多方参与的投融资机制。探索支持经济可持续发展的金融模式，积极支持各领域建设的融资工作，尤其是要优先保障试点工程建设的资金，拓展科技信用贷款、科技金融保险、知识产权质押等特色融资业务。围绕智慧城市的建设重点加大信贷力度，为参与建设的企业提升金融服务水平、加大服务能力，保证重大建设项目资金的高效筹措。结合项目的特点，可以将投资密度比较大的工程押后施工，超前融资，在时间和资金数量上要留有余地。将智慧城市建设分期、分段进行项目分解，按分项目的适应性安排融资建设；优化投资方案，对项目的进度和投资目标进行跟踪管理。

六、实施"三个一批"杰出人才选拔引进计划

（一）选拔一批领军人才

每年在全县范围内选拔一批能在智慧城市建设领域起到引领和带动作用的人才。其中第一层次10人，每人每年奖励10万元；第二层次50人，每人每年奖励5万元。并采取目标考核、动态管理、奖励现金发放等措施，引导其在智慧城市建设的创新创业、科技成果转化、经济社会发展等方面发挥引领带动作用。

（二）培育一批青年后备人才

每年筛选一批县级智慧城市建设领军人才后备人选，通过支持其组建科研团队、成立专家工作室和给予科研经费支持等方式进行重点培养。每年遴选5名中青年学术技术骨干、5个创新科研团队、10名重点产业骨干人才、20名基层企事业单位青年技术骨干，采取项目资金扶持、科研经费补助、赴外进修深造和对口挂职锻炼等措施，扶持培养一批青年后备人才。

（三）引进一批急缺高端人才

编制《定兴县智慧城市重点人才开发导向目录》，积极与全国博士后管理委员会、中国科学院、北京大学、清华大学、河北工业大学等科研院所合作，创建博士后工作站、博士实验示范创新基地、大学生创业创新中心。

每年定期组织"海外博士定兴行""创业到定兴""留学人员创业启动支持计划""博士博士后创业启动计划"主题引才活动，吸引高端智慧城市建设创新型人才。

参考文献

［1］ HOLLANDS R G. Will the Real Smart City Please Stand Up? ［J］. City, 2008, 12 (3)：303-320.

［2］ RIOS P. Creating "The Smart City" ［EB/OL］, ［2016-08-06］. http：//archive. udmercy. edu： 8080/bitstream/handle/10429/393/2008_ rios_ smart. pdf? sequence=1.

［3］ CARAGLIU A, DEL B C, NIJKAMP P. Smart Cities in Europe ［J］. Journal of Urban Technology, 2011, 18 (2)：65-82.

［4］ LOMBARDI P, GIORDANO S, FAROUH H, et al. Modeling the Smart City Performance ［J］. Innovation-The European Journal of Social Science Research, 2012, 25 (2)：137-149.

［5］ ANGELIDOU M. Smart City Policies：A Spatial Approach ［J］. Cities, 2014 (41)：S3-S11.

［6］ 汪芳, 张云勇, 房秉毅, 等. 物联网、云计算构建智慧城市信息系统 ［J］. 移动通信, 2011 (15)：49-53.

［7］ 李德仁, 姚远, 邵振峰. 智慧城市的概念、支撑技术及应用 ［J］. 工程研究：跨学科视野中的工程, 2012, 4 (4)：313-323.

［8］ 石家庄人民政府. 石家庄市推进智慧城市建设行动计划

（2017—2019 年）［EB/OL］，［2017-05-26］. http：//new. sjz. g
ov. cn/col/1490952386143/2017/06/13/1497320750274. html.

［9］陈伟清，覃云，孙栾. 国内外智慧城市研究及实践综述
［J］. 广西社会科学，2014（11）：141-145.

［10］美国圣何塞智能路灯计划 可节能 40%［EB/OL］. 慧聪
网，［2009-04-28］. http：//info. lamp. hc360. com/2009/04/281
42552503. shtml.

［11］秦洪花，李汉清，赵霞.“智慧城市”的国内外发展现
状［J］. 信息化建设，2010（9）：50-52.

［12］物联小智. 看看美国是怎么用科技打造“智慧城市”
［EB/OL］. 搜狐科技，［2017-06-15］. https：//www. sohu. com/
a/149142959_ 628439.

［13］杨琳. 德国柏林市和弗里德里希哈芬市的智慧举措
［J］. 全球视角，2014（5）：68-71.

［14］吴志强，柏旸. 欧洲智慧城市的最新实践［J］. 城市规
划学刊，2014（05）：15-22.

［15］彭继东. 国内外智慧城市建设模式研究［D］. 吉林大
学，2012.

［16］KOMNINOS N, BRATSAS C, KAKDERI C, et al. Smart
City Ontologies：Improving the Effectiveness of Smart City Applications
［J］. Journal of Smart Cities, 2015, 1（1）：1-16.

［17］赫尔辛基打造按需服务公共交通系统，私家车或成为

历史［EB/OL］.人民网，［2016-06］.http：//env.people.com.cn/n/2014/0722/c101025313954.html.

［18］刘慈恒，周佳贵.日本"U-Japan"计划和发展现状［J］.大学图书馆学报，2013（3）.

［19］金江军.韩国城市进入U-CITY时代［J］.信息化建设，2009（10）：9-10.

［20］定兴县人民政府.定兴县2017年政府工作报告［EB/OL］，［2017-02-08］.http：//www.dingxing.gov.cn/content-222-11972.html.

［21］定兴县人民政府.2017年定兴县经济社会发展情况［EB/OL］，［2018-01-19］.http：//www.dingxing.gov.cn/content-33-16127.html.

［22］郭源生，等.智慧城市的模块化构架与核心技术［M］.北京：国防工业出版社，2014.

［23］定兴县社会征信系统方案［Z］，2016.